唐山矿锚杆支护设计及数值模拟研究

杨忠东　康志强　郭立稳　著

U0364005

北　京

冶金工业出版社

2012

内 容 提 要

　　本书针对开滦集团有限责任公司唐山矿巷道支护设计及数值模拟研究，编制了唐山矿锚杆支护设计方法，建立了采场和巷道的三维有限元模型，对地应力场和各种地应力条件下的锚杆支护方案进行了模拟计算，同时计算分析了沿空巷道在不同埋藏深度、不同地应力条件下，锚杆支护结构和锚杆支护参数对沿空巷道顶板稳定性的影响，研究了不同锚杆初始预紧力对沿空巷道顶板稳定性的影响，并介绍了本研究在唐山矿的工程应用实例。

　　本书主要供矿山企业的工程技术人员及管理干部使用，也可供科研院所研究人员、矿业类大学本科生及研究生参考。

图书在版编目（CIP）数据

　　唐山矿锚杆支护设计及数值模拟研究／杨忠东，康志强，郭立稳著. —北京：冶金工业出版社，2012. 7
　　ISBN 978-7-5024-5962-8

　　Ⅰ.①唐…　Ⅱ.①杨…　②康…　③郭…　Ⅲ.①煤矿—巷道支护—锚杆支护—设计—唐山市　②煤矿—巷道支护—锚杆支护—数值模拟—研究—唐山市　Ⅳ.①TD353

　　中国版本图书馆 CIP 数据核字（2012）第 144630 号

出 版 人　曹胜利
地　　址　北京北河沿大街嵩祝院北巷 39 号，邮编 100009
电　　话　(010)64027926　电子信箱　yjcbs@cnmip.com.cn
责任编辑　李　雪　卢　敏　美术编辑　彭子赫　版式设计　葛新霞
责任校对　郑　娟　责任印制　张祺鑫
ISBN 978-7-5024-5962-8
北京百善印刷厂印刷；冶金工业出版社出版发行；各地新华书店经销
2012 年 7 月第 1 版，2012 年 7 月第 1 次印刷
148mm×210mm；5.75 印张；202 千字；175 页
25.00 元

冶金工业出版社投稿电话：(010)64027932　投稿信箱：tougao@cnmip.com.cn
冶金工业出版社发行部　电话：(010)64044283　传真：(010)64027893
冶金书店　地址：北京东四西大街46号(100010)　电话：(010)65289081(兼传真)
　　　　　　　　　(本书如有印装质量问题，本社发行部负责退换)

前　言

我国煤矿主要是井工开采，需要在井下开掘大量的巷道。据不完全统计，国有大中型煤矿每年新掘进的巷道总长度在 8500km 左右，其 80% 以上是开掘在煤层中的巷道，因此保持巷道围岩的稳定对煤矿安全生产具有重要意义。

开滦集团有限责任公司唐山矿自 20 世纪 70 年代末 80 年代初开始推广煤巷锚杆支护技术至今，已有 30 多年的历史。现在，锚杆支护已成为采准巷道的主要支护形式之一。近几年，全公司每年的煤巷锚杆支护量占全部掘进巷道的半数以上。当前，唐山矿采准巷道锚杆支护已进入发展的关键阶段，虽然从总量上看，数量不小，但发展不平衡。随着采深的不断加大，矿压显现更为强烈，已经推广使用多年的锚杆支护系统表现出了种种不适应的情况，比如巷道变形量大，需要套修，锚杆、锚索拉断现象时有发生，锚杆支护的巷道稳定性和安全性受到挑战。为了解决这些问题，需要我们更新观念，与时俱进，学习借鉴国内外先进支护理念和技术。本书结合唐山矿实际开展工作，针对不同的巷道设计采用先进的数值模拟方法进行模拟研究，并运用到现场实际，能使唐山矿的锚杆支护健康快速地发展，促进企业的技术进步和矿井整体技术面貌和经济效益的提高。

全书共分 4 章，第 1 章介绍了唐山矿锚杆支护设计方法研究，第 2 章介绍了唐山矿回采巷道支护设计及方法研究，第 3 章介绍了回采巷道支护设计优化数值模拟研究，第 4 章介绍了唐山矿巷道锚杆支护工程应用。

全书由康志强（河北联合大学）、杨忠东（开滦集团有限责任公司）、郭立稳（河北联合大学）、刘建庄（河北联合大学）、王国华（开滦集团有限责任公司）、耿清友（开滦集团有限责任公司）编写。在本书的编写过程中得到了开滦集团有限责任公司、河北联合大学矿业工程学院的大力资助，著者对此表示衷心的感谢。

本书在完成过程中，由于时间原因及作者水平所限，书中不妥之处，敬请同行专家和广大读者批评指正，并提出宝贵意见。

著　者

2012 年 6 月

目　录

绪　　论

开滦集团有限责任公司唐山矿自20世纪70年代末80年代初开始推广煤巷锚杆支护技术至今，已有30多年的历史。现在，锚杆支护已成为采准巷道的主要支护形式之一。近年来，全公司每年的煤巷锚杆支护量占全部掘进巷道的半数以上。煤巷锚杆支护的推广应用，明显地改善了采准巷道的维护状况，提高了围岩的稳定性。锚杆支护对于提高巷道断面利用率，简化回采工作面端头支护工艺，降低支护成本，减轻工人劳动强度，特别是对于保证回采工作面快速推进，实现工作面高产高效，从而提高矿井经济效益都发挥了明显作用。理论研究和实践经验均证明，锚杆支护作为巷道的先进支护方式，有着架棚不可比拟的诸多优越性，对于从根本上解决深井、大地压巷道的支护问题，锚杆支护更是代表了巷道支护技术的发展方向。世界各国和国内各大型煤矿都把锚杆支护作为巷道的主要支护形式，许多矿区的锚杆支护率都达到了100%，取得了巨大的经济效益。

开滦集团唐山矿业分公司在采准巷道锚杆支护工作推广过程中，在面临各种复杂、困难地质条件和井深、矿压显现大等不利情况下，勇于实践和创新，取得了大批科研成果，积累了丰富的经验。使得这项技术的推广不断向深度和广度发展。同任何新生事物的发展都要经过艰难、曲折一样，锚杆支护在其发展过程中也不是一帆风顺的，特别是当锚杆支护巷道出现一些冒顶、垮落乃至伤人事故时，往往会出现一些对锚杆支护安全可靠性的怀疑情绪，使得锚杆支护的推广受到阻碍。应当指出的是，锚杆支护作为煤矿所有新技术推广中"最具革命性"的技术进步，虽然已被无数的事实证明是先进的，是代表未来支护发展方向的，但直到现在，人们对锚杆支护的理论研究和各种实践活动仍未停止，其原因就在于煤矿各种条件的复杂性和人们对客观世界的认识还需要进一步深化。而只有当人们的主观认识和客观条件相统一时，我们才能从必然王国走向自由王国。回顾和分析集团公司历次锚杆支护巷道事故发生的原因，按照今天我们所确立的锚杆支护技术的新理念，可以看出，绝大部分的锚杆事故都不是必然要发生的，而是带有相当偶然性。这些偶然性的事故出现，证明了我们在锚杆支护推广工作中还需要重点解决以下问题：第一，锚杆支护理念需要更新，特别是面对开滦大多属于深部开采的现状，必须用先进的支护理念来指导工程实践，才能取得预期效果；第二，要科学设计锚杆支护。这是关系到锚杆支护工程的质量优劣、是否安全可靠及经济是否合理的重要问题；第三，要规范各类锚杆产品的加工，采用先进工艺，确保锚杆及配套产品的质量；第四，要严格培训各级技术人员，特别是现场主管技术人员和管理人员，确保按设计施工，确保施工质量；第五，要建立健全锚杆巷道的质量检验标准和锚杆巷道的矿压监测体系。

当前，唐山矿采准巷道锚杆支护已进入发展的关键阶段，虽然从总量上看，数量不小，但发展不平衡。随着采深的不断加大，矿压显现更为强烈，巷道变形量大，需要套修，锚杆、锚索拉断现象时有发生，锚杆支护的巷道稳定性和安全性受到挑战。解决这些问题，需要我们更新观念，与时俱进，学习借鉴国内外先进支护理念和技术，结合唐山矿实际创造性地开展工作，扎扎实实地做好各方面的基础性工作。只有这样，才能使唐山矿的锚杆支护健康快速地发展，促进企业的技术进步，提高矿井整体技术面貌及经济效益。

锚杆支护设计方法研究

1.1 锚杆支护设计方法

巷道支护的目的就在于使巷道在服务期间保持稳定。而支护设计的目的就是在保持巷道稳定的前提下确定更经济合理的支护形式与参数。因此，锚杆支护设计是关系到锚杆支护巷道工程质量优劣、是否安全可靠及经济是否合理的基础。应当指出的是，寻求一种绝对合理能适应绝大多数巷道支护应用的锚杆支护设计方法，多年来一直是专家、学者追求的目标，但是，由于矿井条件复杂多变，不确定因素多，加之当前研究手段的制约，至今尚未有一种设计方法"放之四海而皆准"。根据不同理论所建立的锚杆支护计算和设计方法，均存在一定的局限性，因此，设计者在进行特定条件下的锚杆支护设计时，首先需要对设计对象进行深入全面的了解，然后可根据相应的设计方法进行设计。需要强调的是，锚杆支护设计应当是一个动态的设计过程，应遵循地质力学评估→初步设计→监测与信息反馈→修改完善设计的原则。通过这样一个过程，才能最终确定比较科学、合理的锚杆支护设计。

目前，国内外锚杆支护设计方法主要归纳为三大类（也有分为四大类），即：工程类比法、理论计算法、数值模拟法（监测法）。本章主要介绍工程类比法和数值模拟法。

1.1.1 锚杆支护设计工程类比法

1.1.1.1 直接类比法

工程类比法在煤巷锚杆支护设计中应用比较广泛。这种方法是根据已开掘的成功应用锚杆支护巷道的地质与生产条件与待开掘的巷道条件进行对比，在各种条件基本相同的情况下，参照已掘巷道的支护形式与参数，来设计待掘巷道的各种支护参数。

采用工程类比法进行锚杆支护设计时，要求相比的两条巷道的条件要基本相似，不能有较大的差异。比较的内容要全面、细致、可靠，不仅要抓住主要因素，而且不能忽略细节，工程类比的内容主要有以下几个方面：

（1）围岩物理力学性质。围岩物理力学性质包括巷道顶底板、煤层赋存状态、物理力学参数。巷道顶底板应取巷道宽度 1～1.5 倍范围围岩层进行比较。物理性质包括岩性、矿物成分、密度、孔隙率、水理性质等内容。力学性质包括抗压强度、抗拉强度、弹性模量等，其中，岩层的单轴抗压强度是最常用的力学指标。

（2）围岩结构特征。围岩结构特征指煤岩体内节理、层理、裂隙等不连续面的空间结构特征。

（3）地质构造。地质构造对煤岩体的完整性和稳定性有明显的影响，对巷道支护形式与参数的选取起关键性作用。

（4）地应力。地应力大小与方向是影响巷道变形与破坏的重要因素之一，地应力一般分为垂直应力和水平应力。地应力对比参数一般应包括垂直主应力的大小和方向，最大水平主应力的大小和方向，最小水平主应力的大小和方向，以及最大水平主应力与巷道轴线的夹角。

（5）巷道特征与使用条件。巷道特征与使用条件包括巷道断面形状、尺寸等。

（6）开采深度。随着开采深度的增加，地应力在增加，采深是巷道支护必须考虑的重要因素。

（7）煤柱尺寸。煤柱尺寸的大小对矿压显现的大小及巷道维护的难易有着重要影响。

（8）采动影响特征。采动影响状况包括：采动空间关系、采动时间关系、采动次数等。采动对采准巷道围岩变形与破坏影响很大，类比时应作为一个重要考虑因素。

1.1.1.2 经验公式

经验公式是在大量支护设计经验的基础上，得出的指导支护设计，计算锚杆相关参数的简单公式。采用经验公式来选择和确定锚杆相关参数，在目前的锚杆支护设计中应用相当普遍。这种方法简便易行，但也存在着明显的缺陷和弊端：一是经验公式只能提供锚杆支护的主要参数（锚杆长度、直径、间排距等），而其他重要参数，如锚杆杆体结构、预紧力、锚固长度、托板结构与尺寸等，很难在经验公式中全面反映；二是经验公式一般只考虑巷道宽度、高度、岩石软硬程度、结构面分布，而影响巷道变形和破坏的因素还有很多，经验公式都不能全面、客观地反映。因此，经验公式提供的支护参数一般只作为参考，不能不顾巷道的具体条件生搬硬套。在此介绍一些应用较多、效果较好的经验公式，供设计者参考。

A 锚杆长度的选取与计算

（1）Hoek 与 Brown 等提出确定锚杆长度的一般经验准则：

最小锚杆长度 = 锚杆间距的两倍、三倍不连续面平均间距所确定的不稳定岩块宽度或巷道跨度之半。

（2）Lang 与 Bischoog 认为：锚杆长度与锚杆间排距之比应为 $1.2 \sim 1.5$，锚杆长度 L 与巷道宽度 B 的函数关系为：$L = B^{2/3}$。

（3）Schach 等人提出确定锚杆长度的经验公式为：

$$L = 1.4 + 0.184B (非预应力锚杆)$$
$$L = 1.6 + (1 + 0.012B^2)^{1/2} (预应力锚杆)$$

式中 L——锚杆长度，m；

　　　B——巷道宽度，m。

（4）日本的经验认为：锚杆长度与巷道宽度或高度的 0.6 倍，如果再加长锚杆，支护效果将不会明显变化。

（5）我国学者提出锚杆长度的经验公式：

对于岩巷锚喷支护巷道：$L = N(1.3 + W/10)$

对于煤巷：$\qquad L = N(1.5 + W/10)$

式中　W——巷道或硐室跨度，m；

　　　L——锚杆总长度，m；

　　　N——围岩影响系数（按表 1-1 选取）。

表 1-1　围岩类别影响系数取值

围岩类别	II	III	IV	V
围岩影响系数 N	0.9	1.0	1.1	1.2

（6）其他经验公式：

顶板锚杆长度：$\qquad L = 2 + 0.15B/K$

帮锚杆长度：$\qquad L = 2 + 0.15H/K$

式中　B——巷道宽度，m；

　　　H——巷道高度，m；

　　　K——由围岩性质等有关的系数，一般取 3~5。

B　锚杆间排距选取与计算

（1）Hoek 与 Brown 等人提出：

最大锚杆间距 = 锚杆长度之半、1.5 倍不连续间距确定的不稳定岩块宽度

（2）Lang 与 Bischoog 认为：锚杆间排距与锚杆长度之比为 2/3~5/6 比较合理。

（3）Schach 等从拱形巷道顶部能够形成有效的压力拱出发认为：锚杆长度与锚杆间距的比值应接近 2。

（4）新奥法对锚杆间距提出的准则：

硬岩，锚杆间距取 $1.5 \sim 2.0 m$；

中硬岩石，锚杆间距取 $1.5 m$；

松软破碎岩体，锚杆间距取 $0.8 \sim 1.0 m$。

（5）我国学者提出锚杆间距经验公式为：

对于岩巷锚喷支护：锚杆间距 $M \leqslant 0.4L$；

对于煤巷锚杆支护：锚杆间距 $M \leqslant 0.9/N$。

1.1.1.3 以围岩稳定性分类为基础的锚杆支护设计

A 煤层回采巷道围岩稳定性分类

经过多年的应用和不断完善，我国已经形成了包括缓倾斜、倾斜、急倾斜煤层及不同煤层厚度的所有回采巷道的分类方法。煤巷围岩稳定性分为五个类别： I 类非常稳定， II 类稳定， III 类中等稳定，IV 类不稳定， V 类及极不稳定。在围岩稳定性分类的基础上，结合已有的支护设计和实践经验，提出了巷道锚杆支护基本形式和主要参数选择的建议，见表 1-2。

B 煤巷围岩稳定性分类计算机程序简介

煤巷围岩稳定性可采用计算机程序进行分类。

a 程序功能

该程序适应于缓倾斜、倾斜、急倾斜、厚煤层第一分层、中厚煤层、薄煤层回采巷道（工作面上、下顺槽）煤层上（下）山与煤层大巷围岩稳定性分类。

b 基本原理

程序的数学模型为模糊综合评判模型。根据全国缓倾斜、倾斜煤层回采巷道围岩稳定性分类的研究成果，评语集合为非常稳定、稳定、中等稳定、不稳定、极不稳定 5 个类别。

表1-2 巷道顶板锚杆支护形式与主要支护参数选择

巷道类别	巷道围岩稳定状况	基 本 支 护 形 式	主 要 支 护 参 数
I	非常稳定	整体砂岩、石灰岩类岩层：不支护	
		其他岩层：单体锚杆	端锚：杆体直径：≥ 16mm 锚杆长度：1.4~1.8m 间排距：0.8~1.2m 设计锚固力：≥64kN
II	稳定	顶板较完整：单体锚杆	
		顶板较破碎：锚杆+网	端锚：杆体直径：16~18mm 锚杆长度：1.6~1.8m 间排距：0.8~1.0m 设计锚固力：64~80kN
III	中等稳定	顶板较完整：锚杆+钢筋梁，或桁架	
		顶板较破碎： 锚杆+W型钢带（或钢筋梁）+网，或增加锚索桁架+网，或增加锚索	端锚：杆体直径：16~18mm 锚杆长度：1.8~2.2m 间排距：0.6~1.0m 设计锚固力：64~80kN 端锚或全长锚固： 杆体直径：18~22mm 锚杆长度：1.8~2.4m 间排距：0.6~1.0m
IV	不稳定	锚杆+W型钢带+网，或增加锚索桁架+网，或增加锚索	全长锚固：杆体直径：18~22mm 锚杆长度：1.8~2.4m 间排距：0.6~1.0m
V	极不稳定	（1）顶板较完整： 锚杆+金属可缩支架，或增加锚索 （2）顶板较破碎： 锚杆+网+金属可缩支架，或增加锚索 （3）底鼓严重： 锚杆+环形可缩支架	全长锚固：杆体直径：18~24mm 锚杆长度：2.0~2.6m 间排距：0.6~1.0m

c 运行环境

程序用 BASIC 语言编写，凡具备汉字 BASIC 运行系统的各类微机均可运行本程序。

d 原始数据输入方式

程序采用交互式与人-机对话的方式编写，通过屏幕汉字提示，用键盘输入 7 个分类指标的原始数据和薄煤层影响系数 K。K 为煤层开采厚度与巷道高度的比值。在薄煤层条件下，K 等于实际比值；在其他条件下，$K = 1$。

e 输出结果

输出结果包括：评语集 B 的模糊向量，对评语集排序择优，输出巷道围岩稳定性类别。

C 缓倾斜、倾斜薄及中厚煤层回采巷道基本分类指标

缓倾斜、倾斜薄及中厚煤层回采巷道基本分类指标如表 1-3 所示。

表 1-3 缓倾斜、倾斜薄及中厚煤层回采巷道基本分类指标

分 类 指 标	说　明
顶板强度 σ_{cr}/MPa（指单向抗压强度，下同）	取巷道宽度 1.5 倍范围内顶板强度的加权平均值
煤层强度 σ_{cc}/MPa	取巷帮煤岩层强度加权平均值
底板强度 σ_{cf}/MPa	取巷道宽度范围内底板强度的加权平均值
巷道埋深 H/m	巷道所在位置至地表的垂直距离
护巷煤柱宽度 X/m	一侧煤柱的实际宽度。其中，沿空掘巷（无煤柱）时，$X = 0$；巷道两侧均为实体煤时，$X = 100$
采动影响系数 N	指因工作面回采引起的超前支承压力的影响，N = 直接顶厚度/采高（当 $N4 > 4$ 时，取 $N = 4$）
围岩完整性指数 D	指围岩节理裂隙、层理的影响程度，以直接顶初次跨落步距代替

D　煤层上、下山分类指标

煤层上、下山分类指标如表 1-4 所示。

表1-4　煤层上、下山分类指标

分 类 指 标	说 明 与 代 换 方 法
顶板强度 σ_{cr}/MPa	说明同表 1-3
煤层强度 σ_{cc}/MPa	说明同表 1-3
底板强度 σ_{cf}/MPa	说明同表 1-3
巷道埋深 H/m	取上、下山两端埋深的平均值
护巷煤柱宽度 X/m	说明同表 1-3
采动影响系数 N'	$N' = W \times N$ W 为煤柱影响系数，$W = 1 - x$
围岩完整性指数 D	说明同表 1-3

1.1.1.4　巷道围岩松动圈分类及支护设计建议

根据巷道围岩松动圈支护理论，围岩松动圈大小与巷道支护难易程度存在着密切关系。围岩松动圈现场测试，根据松动圈大小将围岩分为 6 级并以此给出支护建议，见表 1-5。

表1-5　巷道围岩松动圈分类及支护建议

围岩类别		分类指标	松动圈/mm	支护机理与方法	备　　注
小松动圈	I	稳定围岩	0 ~ 40	喷射混凝土支护	围岩整体性好，不易风化的可不支护
中松动圈	II	较稳定围岩	40 ~ 100	锚杆悬吊理论，喷层局部支护	可用刚性支架

续表 1-5

围岩类别		分类指标	松动圈/mm	支护机理与方法	备　　注
中松动圈	Ⅲ	一般围岩	100~150	锚杆悬吊理论，喷层局部支护	刚性支护局部破坏
大松动圈	Ⅳ	一般不稳定围岩	150~200	锚杆组合拱理论，喷层、金属网局部支护	刚性支护大面积破坏
	Ⅴ	不稳定围岩	200~300	锚杆组合拱理论，喷层、金属网局部支护	围岩变形有稳定期
	Ⅵ	极不稳定围岩	>300	二次支护理论	围岩变形在一般支护条件下无稳定期

1.1.2　锚杆支护设计数值模拟法

随着计算机技术的迅速发展，数值模拟计算方法越来越多地应用到巷道支护设计当中，它们在解决非圆形、非均质、复杂边界条件的巷道支护设计方面显示出较大的优越性。数值模拟计算方法可以考虑多种锚杆支护巷道围岩变形、破坏的因素，详细计算锚杆各部位的受力状况，通过多方案的比较，确定最优方案。这种设计方法具有较高的科学性和合理性。但是，这种设计方法需要较深厚的数学和力学基础，娴熟地操作计算机的能力，以及丰富的锚杆支护设计经验，这些条件对于现场工程技术人员来说是很难达到的，而且这种计算方法仍在不断修改完善过程中，目前，只限于科研院校研究应用。在此作一下简要介绍，为有志于从事此项技术研究的人提供一个检索。

采用数值模拟方法进行锚杆支护设计一般按以下步骤进行：

（1）确定巷道的位置与布置方向；

（2）确定巷道断面形状与尺寸；

（3）建立数值模型；

（4）确定模拟方案；

（5）模拟结果分析，通过多方案比较，最后选择有效、经济、便于施工的支护方案。

目前，用于巷道支护设计的数值模拟方法主要有 3 种：有限元法、离散元法、有限差分法。

1.1.2.1 有限元法

目前，有多种有限元软件，如：NASTRAN、ABAQUS、ADINA、ALGOR、ANSYS 等。国内外岩土工程方面 ANSYS 软件应用较多。该软件有自己的语言（APOL），具备一般计算机的所有功能，用户可用变量的形式建立模型，可在其他环境下编程。

有限元法主要适用于模拟连续介质。

1.1.2.2 离散元法

离散元法是 Cundau 于 1971 年提出的。该法适用于研究在准静力或动力条件下的节理系统或块体集合的力学问题。近年来，离散元法有了长足的发展，已成为解决岩土力学问题的一种重要数值方法。

离散元法能够分析变形连续和不连续的多个物体相互作用问题。物体断裂问题以及大位移和大转动问题，能够处理范围广泛的材料本构问题，相互作用准则和任意几何形状。这些特点非常适用于类似煤岩体的非连续性。

UDEC 和 3—DEC 等二维、三维离散元软件已经在我国得到应用，在分析顶板垮落、顶煤冒落、节理化巷道围岩稳定性与支护设计等方面取得良好的效果。

1.1.2.3 有限差分法

差分法是一种最古老的数值计算方法，但随着现代数值计算手段的飞速发展，赋予差分法更多的功能和更广的应用范围。

目前基于差分法进行数值计算器应用比较广泛的是 FLAC 软件。

它可模拟土、岩石等力学行为，采用显式拉格朗日算法及混合离散划分单元技术，就能够精确地模拟材料的塑性流动和破坏。FLAC 具有多种功能，可以模拟各种支护构件及岩层的不连续面，如断层、节理等滑动，因此在研究设计锚杆支护等方面有着良好的应用前景。

1.2 煤巷锚杆支护预紧力设计

1.2.1 问题的提出

我国专家、学者通过研究近十几年来的煤巷锚杆支护经验，除了对已取得的成就和进步给予充分肯定外，同时指出，从目前国内推广应用情况看，还存在着三方面的问题：（1）设计思想偏于保守，锚杆密度偏高，锚杆实际受力常常远低于杆体强度，支护系统的能力得不到充分发挥，技术经济优势不能得到充分体现；（2）一些复杂条件下的支护效果不理想，复合顶板的离层破坏未得到有效控制，恶性冒顶事故时有发生；（3）支护材料性能、施工质量、监测技术等不能满足煤矿安全生产的要求。通过对大量巷道冒顶事故及顶板严重离层变形现象的分析，发现导致冒顶的原因不仅仅是锚杆强度不够，不能通过增加锚杆密度来解决，主要的原因是锚杆的预紧力不够造成的。锚杆预紧力是顶板稳定至关重要的因素，改变锚杆预紧力是提高顶板稳定性最经济的手段，预紧力的确定是锚杆支护设计的中心内容。

1.2.2 理论研究成果和实践经验

1992 年，美国学者观测了高水平地应力与巷道顶板产生的离层及剪切破坏程度的关系，并提出了采用桁架控制巷道顶板的措施。1994～1998 年美国学者又系统地研究了水平地应力对巷道稳定性的影响，认为水平地应力是造成巷道顶板离层垮落、底板鼓起的主要原因，但可以通过提高巷道顶板锚杆预紧力，将水平地应力的消极影响变为积极作用，从而极大地提高巷道的稳定性，并开始在锚杆支护设计中考虑锚杆预紧力的影响。1993～1995 年中国学者的研究表明，当锚杆的预紧力达到 60～70kN 时，就可以有效地控制巷道顶板的下沉量，并通过加大锚杆的间排距，减少锚杆用量，提高巷道掘进速度。

20 世纪 70 年代，美国首次将涨壳式锚头与树脂锚固剂联合使用，使得锚杆能够实现很高的预紧力，同时锚杆的直径和强度有了进一步提高（直径达到 22～25mm，强度达到 517MPa），锚杆的高预紧力可以达到杆体本身强度的 50%～75%，从而实现了高强度、高预紧力、低锚杆间排距。

美国的高预紧力锚杆支护技术已取得显著成效，并影响到很多国家，如英国研制成锚固能力达 500kN 的"大锚杆"，并在井下试验用 1.0m 的间排距取代间距 0.6m 的"AT"锚杆，取得成功。

这一技术思想近年也影响到我国。针对淮南新区特厚层复合顶板极易离层的煤巷维护特点，中国矿业大学锚杆支护研究所充分强调和应用了预应力支护理念，利用高预应力支护手段，在十分复杂的离层破碎型顶板下采用预紧力技术取得成功，最大限度地控制顶板初期变形，消除或大大减缓了顶板离层，大大提高了支护围岩系统的安全可靠性和实际支护效果。我国不少矿区正在逐渐认识和接受这一新的支护理念，出现不少解决复杂、困难条件下巷道支护的成功范例。

这些成功实例表明：高预紧力锚杆能够很有效地控制层状顶板离层，因而冒顶现象大大减少，安全状况得到了根本性的转变；同样条件下锚杆的密度减小，间排距大大提高，同时锚杆用量减少 20%～30%；掘进速度大大提高，支护效果明显改善。

1.2.3　预紧力锚杆理论

巷道开挖后在围岩很小变形时，脆性特征明显的岩体就会出现开裂、离层、滑动、裂纹扩展和松动等现象，使围岩强度大大弱化，虽然在巷道开挖后一般会及时安装锚杆，但普通锚杆未施加预紧力（或施加一定预紧力，但不足以抵抗围岩离层、变形），这种锚杆仍然属于被动支护。即使每一排使用尽量多的锚杆，间排距很小，但这种锚杆只能保证在锚固长度范围离层变形后产生较大的支护抗力，因顶板已发生离层，这种抗力无助于恢复或提高顶板总体的抗剪强度，因此，避免不了围岩在锚杆长度以外的顶板中发生离层，进而导致垮落。实际上这种现象是经常发生的。

预紧力的大小之所以对顶板稳定性具有决定性的作用，是因为当预紧力增大到一定程度时，可以使顶板岩层处于横向压缩状态，形成预应力承载结构，通过建立顶板预应力结构可提高顶板整体的抗剪强度，使其不向纵深发展。这种锚杆，实现了真正意义上的"主动支护"。

1.2.4 锚杆预紧力值的选择确定

锚杆预紧力设计的原则是控制围岩不出现明显的离层预拉应力区、滑动预拉应力区。巷道是否产生离层应作为巷道稳定性评判标准。实践证明，如果选择合理的预紧力值，能够实现对离层与滑动的有效控制。根据国外经验和国内部分矿区的试验数据，结合我国煤矿巷道条件与施工机具，一般可选择锚杆预紧力为杆体屈服载荷的 30% ~ 50%。表 1-6 为不同材质与规格的锚杆的预紧力参考值（按杆体屈服载荷的 50% 考虑）。

表 1-6 不同材质与规格锚杆的预紧力值

牌 号	屈服强度/MPa	预紧力/kN				
		$\phi16mm$	$\phi18mm$	$\phi20mm$	$\phi22mm$	$\phi25mm$
Q235	240	24.1	30.5	37.7	45.6	58.9
BHRB335	335	33.7	42.6	52.6	63.7	82.2
BHRB400	400	40.2	50.9	62.8	76.0	98.2
BHRB500	500	50.3	63.6	78.5	95.0	122.7
BHRB600	600	60.3	76.3	94.2	114.0	147.3

1.2.5 提高锚杆预紧力的技术措施

目前，我国煤矿锚杆预紧力主要是通过锚杆机旋转拧紧锚杆尾部螺母，压紧托板实现的。而锚杆机不能提供较大的扭矩，从而导致锚杆预紧力偏低，一般预紧力矩为 100 ~ 150N·m，预紧力仅为 15 ~ 20kN，远远不能满足实际需要，且我国锚杆加工制造工艺粗糙，基本上没有考虑减少摩擦力问题，致使锚杆螺母与杆体之间的摩擦阻力偏大，也降低了锚杆的拧紧力矩，鉴于此，提出如下提高锚杆预紧力的技术措施。

（1）提高螺母预紧力矩 M。螺母预紧力矩是由锚杆安装机的输出扭矩的大小决定的，这是影响锚杆预紧的关键因素。国外普遍采用锚杆台车和掘锚机组，锚杆钻机的输出扭矩很大。国内主要采用单体锚杆机，输出扭矩一般不超过 150N·m。针对这种情况，开发出了扭矩放大器。该扭矩放大器与单体锚杆机相配合，可使锚杆机的输出扭矩增大 3.5 倍以上，有效地解决了扭矩不足的问题。

（2）采取综合减摩措施。这些措施主要包括：提高螺纹加工精度等级，采用油脂对螺纹部进行润滑，在螺母与托板之间加减摩垫片等，都可使螺母扭紧力矩得到显著提高。国内一些单位对此做了不少研究、试验，取得了明显效果，我们可以学习借鉴。

1.3 锚杆支护参数选择确定原则

在煤巷锚杆支护中，除锚杆预紧力参数是至关重要的因素外，锚杆支护参数还包括许多相关内容：如锚杆的几何参数（直径、长度等）、锚杆力学参数（屈服强度、抗拉强度、抗剪强度及伸长率等）、锚固参数、锚杆布置参数（锚杆间距、排距、安装角度等）、组合构件和网的参数、锚索参数等。对于这些参数的合理确定，除需科学地设计、计算外，工程技术人员还必须具备比较丰富的锚杆支护理论与实践经验，明确锚杆支护相关参数的确定原则。将这些原则与支护设计有机地结合在一起，才能最大限度地确保支护的成功。

1.3.1 锚杆几何参数

1.3.1.1 锚杆直径

锚杆杆体直径已形成基本系列，包括 16mm、18mm、20mm、22mm、25mm。锚杆直径的选取从技术上主要考虑以下三方面因素：

（1）锚固效果。研究结果表明，对于螺纹钢锚杆，钻孔直径和杆体直径之差应控制在 4 ~ 10mm，才能保证锚固效果，6 ~ 8mm 最佳。

（2）锚杆预紧力。选择锚杆直径时，应结合巷道围岩具体条件。支护要求的预紧力大小确定，要求预拉越大，锚杆的直径应越大。

（3）锚杆强度。在杆体材质相同的情况下，直径越大，强度越高。锚杆直径对巷道围岩变形有明显影响，对围岩破碎、应力大的巷道，应选用直径大的锚杆；相反，对于围岩比较完整，变形量较小的巷道选用直径较小的锚杆。

1.3.1.2 锚杆长度

锚杆长度现已形成基本系列，包括 1.6m、1.8m、2.0m、2.2m、2.4m、2.6m、2.8m。锚杆长度的选择从技术上应考虑以下因素：

（1）保证锚固区内形成稳定的承载结构。锚杆长度应保证锚固区内形成一个稳定的承载结构，具有足够的承载能力。锚杆长度太短，锚固区厚度过小，不能保证顶板稳定，但锚杆长度增加到一定值后，再加长锚杆对锚固体承载已无明显影响，因此，锚杆长度有一个合理的取值范围。

（2）与锚杆预紧力、直径、强度相匹配。直径小、强度低、预紧力低的锚杆，锚杆长度不宜过大，在预紧力一定的情况下，锚杆越长,预紧力的作用越不明显,主动支护性越差,施加的预紧力应越大。反过来,通过提高预紧力,可适当减小锚杆长度。

(3)满足井下施工要求。过长的锚杆不能在断面较小的巷道应用,否则会影响施工速度,甚至无法施工。

1.3.2 锚杆力学参数

锚杆力学参数包括杆体的屈服强度、破断强度、抗剪强度和伸长率等。传统的锚杆杆体材料主要是 Q235 圆钢和 20MnSi 建筑螺纹钢。Q235 圆钢的屈服强度仅为 240MPa,抗拉强度为 380MPa;20MnSi 建筑螺纹钢屈服强度为 335MPa,抗拉强度为 490MPa,均属低强度锚杆。为满足巷道支护要求,又开发了锚杆专用螺纹钢,并形成系列,屈服强度分别达到 400MPa、500MPa、600MPa 以上,最大抗拉强度达到 800MPa,真正实现了高强度。锚杆力学参数选取应遵循以下原则:

(1)优先选择高强度锚杆。一般条件下,应优先选择高强度锚杆,以提高支护效果,保证巷道安全。提高锚杆强度可有效减小巷道围岩变形,控制围岩破坏范围。

(2)与锚杆预紧力相匹配。单纯强调提高锚杆强度,而忽视预紧力作用,不能充分体现高强锚杆的作用,结合控制围岩离层、滑动等所需要的预紧力,确定合理的锚杆强度,不仅能显著提高支护效率,而且能降低锚杆支护密度,有利于提高掘进速度。

(3)因地制宜。对于围岩稳定,地质构造简单,地应力小的巷道,在满足支护要求的前提下,可选用强度较低的锚杆,以降低支护成本。

1.3.3 锚固参数的选择确定

锚固参数包括锚固剂的型号、规格、尺寸、锚固长度等。这里不对锚固剂的型号、规格、尺寸进行论述,只强调锚固剂直径应与钻孔直径相匹配的问题，比较合理的锚固剂直径是比钻孔直径小 3 ~ 5mm，如 28mm 的钻孔直径，使用 23mm 直径的锚固剂，以及 30mm 的钻孔直径，使用 25mm 直径的锚固剂等。

锚杆锚固长度主要分为端部锚固、加长锚固和全长锚固。端部锚固：锚杆锚固长度不大于 500mm 或不大于钻孔长度的 1/3；全长锚固：锚杆锚固长度不小于钻孔长度的 90%；加长锚固：介于端部锚固和全长锚固之间。三种锚固长度各有其优缺点和适用条件，如下：

（1）端部锚固锚杆。对于端部锚固锚杆，锚杆拉力除锚固端外，沿长度方向是均匀分布的，在锚固范围内，任何部位岩层的离层都均匀地分散到整个杆体的强度上，导致杆体受力对围岩变形和离层不敏感。由于锚杆与钻孔之间有较大空隙，所以锚杆抗剪能力只有在岩层发生较大错动后才能发挥出来，为了提高端部锚固的刚度，应施加较大的预紧力。端部锚固成本较低，易于安装，施工速度快，适用于围岩比较完整、稳定、压力小的巷道。

（2）全长锚固锚杆。锚固剂将锚杆杆体与钻孔孔壁黏结在一起，使锚杆随着岩层移动承受拉力，当岩层发生错动时，与杆体共同起抗剪作用。全长锚固锚杆应力、应变沿锚杆长度方向分布极不均匀，离层和滑动大的部位锚杆受力很大，杆体受力对围岩变形和离层很敏感，能及时抑制围岩离层和滑动。全长锚固成本较高，安装速度相对较慢，适合围岩破碎、结构面发育、压力大的巷道。

（3）加长锚固锚杆。加长锚固兼有端锚和全锚的特点，得到广泛应用，支护成本和安装速度介于两者之间，一般条件下应优先选用这种锚固方式。

上述锚固长度的选取是在一般情况下需要遵循的原则。必须强调的是，锚固方式的选取必须充分考虑预紧力的影响。试验证明，在考虑预紧力的条件下，全长锚固与加长锚固的效果均比端部锚固差。其原因是全长锚固和加长锚固预紧力的扩散效果不如端部锚固。因此要提高全长锚固与加长锚固的预紧力扩散效果，有效途径是先施加预紧力锚固剂后固化。方法是超快速固化与慢速固化锚固剂搭配使用，即端部使用超快速固化锚固剂，后面使用慢速固化锚固剂，当端部超快速固化锚固剂固化后，即施加预紧力，之后慢速固化剂再固化。国外采用端部机械化锚固与慢速固化锚固剂相结合的方法，既能达到对围岩施加预紧力，又能保证全长锚固，支护效果非常好。

1.3.4 锚杆布置参数

锚杆布置参数主要包括锚杆支护密度（间排距）和安装角度。

1.3.4.1 锚杆支护密度

锚杆支护密度涉及两个参数：锚杆间距与排距，通过研究不同锚杆间距的预应力场分布，得到如下结论：

（1）在一定预应力条件下，锚杆间距过大，单根锚杆形成的压应力区彼此独立，锚杆之间出现较大范围的近零应力区，不能形成整体支护结构，主动支护效果较差。

（2）随着锚杆间距缩小，单根锚杆形成的压应力区逐渐靠近，相互叠加；锚杆之间的有效压应力区扩大，并连成一片，形成整体支护结构，锚杆预紧力扩散到大部分锚固区域。

（3）当锚杆密度增加到一定程度，再增加支护密度，对有效压应力区扩大，锚杆预紧力的扩散作用变得不明显，支护密度有一个合理的值。

根据以上研究分析，结合大量实践经验，确定锚杆支护密度应遵循以下原则：

（1）低支护密度原则。应在尽量提高单根锚杆的预紧力、强度与刚度的前提下，在保证支护效果与安全的条件下，降低支护密度。如美国锚杆间排距一般为 1.2m × 1.2m，澳大利亚锚杆间排距一般在 1.0m 左右，降低支护密度，可降低巷道支护综合成本，明显提高成巷速度。

（2）支护密度与锚杆预紧力、强度、长度、相匹配的原则。实践证明，通过提高锚杆预紧力、直径、强度，可以增大锚杆间排距。通过大幅度提高锚杆预紧力，不仅能够显著减小围岩变形，保证围岩的完整性和稳定性，而且可以显著降低支护密度。

（3）支护密度与组合构件相匹配的原则。结合构件（钢带、网）在预应力支护系统中起着不可忽视的作用。通过选择表面积大、强度和刚度高的组合构件，可扩大锚杆作用范围，适当减小支护密度。

1.3.4.2 锚杆角度

锚杆角度主要指顶板靠近两帮倾斜锚杆的角度。理论研究和实践表明，传统的将倾斜锚杆布置成与垂线成20°~30°的方式并不能阻止顶板整体切落，倾斜锚杆与钢带构成的兜状结构也不能有效防止顶板冒落。相反，过大的角度会削弱锚杆群对顶板的整体支护作用，这是因为：

（1）当顶板角锚杆垂直布置时，角锚杆与中部锚杆形成的有效压应力区相互连接与叠加，在顶板形成厚度较大、分布比较均匀的压应力区，覆盖了锚固区的大多数面积，锚杆预紧力扩散与叠加效果最好。

（2）随着顶板锚杆角度增加，角锚杆形成的有效压应力区与中部锚杆形成的有效压应力区逐渐分离，叠加区域越来越小。当顶板角锚杆角度达到15°，两个压应力区明显分离，继续加大角度，则分离更远，成为彼此独立的支护单元，锚杆群的整体支护作用受到严重影响。

（3）顶板角锚杆角度越大，锚杆预紧力形成的压应力区越小，而且，较高的压应力主要集中在锚杆尾部附近，在锚杆中部与端部压应力则较小，这不利于锚杆支护作用的充分发挥。

根据以上原因，对于预应力支护系统，顶板角锚杆最好垂直布置，如考虑施工需要一定的角度，最大角度不应超过 10°。

1.3.5 锚杆组合构件与网的参数

1.3.5.1 组合构件参数

组合构件有钢带、钢筋托梁、钢梁等。组合构件在锚杆支护系统中起着不可忽视的重要作用，对组合构件有以下要求：

（1）有一定的护表面积、强度和刚度，起到扩散锚杆预紧力，扩大锚杆作用范围，以及均衡锚杆受力，提高整体支护能力的作用。

（2）几何参数、力学参数应与锚杆参数相匹配。组合构件形式与参数选择不合理，会导致发生破坏，因此削弱或严重降低支护系统的支护能力，甚至导致支护系统失效。

（3）经济合理、便于施工。在获得比较优越的力学性能的条件下，节约材料。

A 钢筋托梁

钢筋托梁由钢筋焊接而成，钢筋直径一般为 10 ~ 16mm，托梁宽度为 60 ~ 100mm，长度根据需要确定。钢筋托梁的优点是加工方便、重量小、成本低，然而力学性质比较差，表现在：护表面积小、强度与刚度低；托梁与巷道表面为线接触，不利于锚杆预紧力扩散和作用范围的扩大；组合作用和均衡锚杆受力的能力差。钢筋托梁适合用于地质条件比较简单的巷道。

B W 型钢带

W 型钢带是由钢板压制成型的组合构件。钢板厚度为 2.5 ~ 5mm，钢板宽度一般为 180 ~ 280mm。W 型钢带有以下优点：护表面积大，强度与刚度高，与巷道表面为面接触，有利于锚杆预紧力扩散和扩大锚杆作用范围；组合作用和均衡锚杆受力的能力强。W 型钢带是适合复杂困难条件巷道的有效组合构件。实际应用时，可根据锚杆预紧力、直径和强度等参数选择相适应的钢带参数。

1.3.5.2 网的参数

网有多种形式，按材料分有金属网和非金属网。金属网又分为铁丝网和钢筋焊接网。铁丝网中有经纬网和菱形网，其中菱形网柔性好、强度大、孔形不易变形，逐渐取代经纬网。钢筋焊接网强度与刚度大，护表能力强，可有效扩大锚杆作用范围，提高支护系统的整体效果。非金属网有塑编网和聚酯网等，塑编网轻便、抗腐蚀、成本低，但强度与刚度差。聚酯网在各项性能上均强于塑编网，正在逐步推广应用。根据网的作用，对其有以下要求：

（1）有一定的强度和刚度。不仅能阻止锚杆间煤岩的掉落，而且能起到一定的抑制围岩松动和变形的作用。

（2）井下施工时，网应能尽量贴紧巷道表面，网的形式与参数有利于施工。

（3）当巷道需要喷浆时，网的参数应满足喷浆的需要。

1.3.6 锚索参数

小孔径树脂锚固预应力锚索参数主要包括：锚索长度、直径、锚固长度、外露长度、锚索间排距、锚索安装角度、预紧力预拉断力、锚索组合构件形式等。对上述参数的确定提出如下参考意见：

（1）锚索长度。锚索应将锚杆支护形成的预应力承载结构与深部围岩相连，发挥深部围岩的承载能力，提高预应力承载结构的稳定性。因此，锚索应锚固在围岩内部相对较稳定的岩层中，锚索长度可参考下式设计：

$$L = L_1 + L_b + L_m$$

式中 　L——锚索长度，m；

L_1——锚索外露长度，$0.3 \sim 0.4$m；

L_b——潜在的不稳定岩层厚度，m；

L_m——锚索锚固长度 m，一般为 $1.2 \sim 1.5$m。

锚索的长度应与锚索的预紧力相匹配，锚索越长，施加的预紧力应越大。

（2）锚索直径。现已形成系列，锚索直径选取的原则是地应力大，复杂困难条件应选取较大直径锚索，一般应选取 18mm 以上的锚索。压力小的巷道可选用 15.24mm 直径的锚索。

（3）锚固长度。为了确保锚索锚固力满足预紧力的需要，必须保证足够的锚固长度，经过大量的实践总结，锚索树脂锚固长度最小不能低于 1.0m，一般应为 $1.2 \sim 1.5$m。

（4）锚索密度。锚索间、排距应结合锚索预紧力选取，以与锚杆形成骨架网状预应力结构，但锚索支护密度不易过大。对于一般巷道，每 $2 \sim 3$ 排锚杆布置 $1 \sim 2$ 根锚索是较为可行的，特殊条件应根据具体情况确定锚索的间、排距及使用量。

（5）锚索安装角度。优先选择垂直巷道表面的方向布置，有利于发挥锚索的预紧力和抗拉能力。

（6）锚索拉断力。由于锚索施加较大的预紧力，宜采用高强、较大直径锚索，保证锚索的支护加固能力。

（7）锚索外露长度。考虑到托板、锚具和张拉机具的要求，外露长度一般控制在 300mm 左右，外露过长会造成浪费。

1.4 锚杆支护形式及材料

1.4.1 锚杆支护形式

我国煤矿巷道锚杆支护有多种形式，如图 1-1 所示。采用何种形式的支护，要根据巷道围岩的具体条件进行分析。其首要确定原则是确保巷道支护安全、可靠，其次是施工和成本。

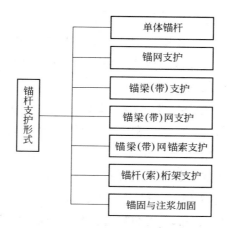

图 1-1　煤巷锚杆支护形式

（1）单体锚杆：单体锚杆支护又分为零星支护与锚杆群支护。主要是用于煤岩体完整、稳定、围岩强度大、结构面不发育、巷道埋深浅、围岩应力小的简单条件。

（2）锚网支护：锚网支护是在单体锚杆群支护的基础上增加了护表构件——网。此种支护形式适用于煤岩体比较稳定，围岩强度较大，围岩中发育一定的节理、裂隙等结构面，巷道压力不大的条件。

（3）锚梁（带）支护：锚梁（带）支护是指采用钢筋托梁、钢带、钢梁等构件将锚杆组合起来的支护形式。通过组合构件可扩大锚杆作用范围，均衡锚杆受力，提高锚杆整体支护能力。这种支护形式适用于煤岩体比较稳定，围岩强度较大，发育一定程度的节理、裂隙等结构面的围岩条件。

（4）锚梁（带）网支护：锚梁（带）网支护是锚杆、托梁（钢带）与网的组合形式。它充分发挥了托梁、钢带的组合作用和网的护表作用，适应性更强，支护能力更大。这种支护形式适用于围岩强度比较低、结构面较发育、压力较大的巷道条件。

（5）锚梁（带）网锚索支护：在锚梁（带）网支护结构的基础上增加了锚索支护。由于锚索的补强作用，增加了锚杆支护形成的承载结构的稳定性，使更大范围的岩体承载，提高了巷道的安全可靠程度。这种支护形式适用于复杂困难条件巷道，包括大断面巷道、放顶煤开采的全煤巷道、复合顶板和松软破碎围岩巷道、高地应力巷道、受采动和地质构造影响的巷道等。

（6）锚杆(索)桁架支护：桁架支护的最大特点是可施加较大的预紧力，改善顶板应力状态，消除顶板弯曲变形引起的拉应力，使顶板处于受压状态。锚杆(索)桁架支护适用于大断面巷道、硐室和交叉点、厚层复合破碎顶板巷道、煤顶和全煤巷道等困难条件。

（7）锚固与注浆加固：锚固与注浆加固是将锚杆、锚索支护与注浆加固有机结合在一起，充分发挥两种支护加固法的优势，共同保持围岩稳定。锚固与注浆加固适用于围岩非常破碎的巷道，如地质构造影响的破碎带、高地应力松软破碎巷道、巷道底鼓治理、已破坏巷道的维修等，一般在上述 6 种支护形式不能解决问题的情况下应用。

1.4.2　锚杆支护材料

锚杆支护材料的优劣与选择，直接关系到支护巷道的稳定与安全，涉及锚杆支护应用的材料较多，本文只将常用材料的相关物理力学参数和技术要求归纳列出，供在设计和选择时参考。

1.4.2.1　圆钢锚杆杆体

圆钢锚杆杆体的力学性能见表 1-7。

普通圆钢黏结式锚杆主要存在以下缺点：

（1）杆体强度低，Q235 圆钢的屈服强度只有240MPa，抗拉强度也只有 380MPa。

（2）刚度低，圆钢锚杆一般为端锚，变形均匀分布在除锚固端以外的整个杆体上，对围岩变形与离层控制能力弱。

（3）锚杆尾部螺纹部分直径比杆体小，因此，承载能力小于杆体，麻花端截面积也小于杆体截面积，导致杆体不等强。

表1-7　圆钢锚杆杆体的力学性能

杆体直径 /mm	截面积 /mm²	Q235		A5	
		屈服载荷 /kN	拉断载荷 /kN	屈服载荷 kN	拉断载荷 /kN
14	153.9	36.9	58.5	43.1	77.0
16	201.1	48.3	76.4	56.3	100.5
18	254.5	61.1	96.7	71.3	127.2
20	314.2	75.4	119.4	88.0	157.1
22	380.1	91.2	144.5	106.4	190.1

基于圆钢锚杆存在上述缺点，在地压较大的巷道中应避免使用。

1.4.2.2　高强度锚杆杆体

所谓高强度锚杆有两个概念，一是相对于以前所用低强度锚杆（Q235圆钢锚杆）而言，自1996年推广邢台成套锚杆支护技术以来，国内及我公司所用"高强"锚杆，即指采用20MnSi建筑螺纹钢及其改进型锚杆，如右旋等强全螺纹锚杆、左旋无纵筋螺纹钢杆体等。这种锚杆其力学性能指标无疑比Q235圆钢锚杆提高了很多（表1-8）。在近10年多的锚杆支护巷道中，基本上采用了这种材质的锚杆。二是开发锚杆专用高强度钢材。基于材质的高强度锚杆杆体是从炼钢开始，设计专用的锚杆钢材配方。根据我国巷道与地质生产条件，目前开发出了3个级别的锚杆螺纹钢筋，钢的牌号与化学成分见表1-9。

表1-8　圆钢锚杆与螺纹钢锚杆力学性能

材料名称	材质	直径/mm	屈服强度/MPa	极限强度/MPa	伸长率/%
圆钢	Q235	6~40	240	380	25
螺纹钢	20MnSi	8~25	335	520	18

表1-9　锚杆钢牌号及化学成分

牌　号	化学成分/%				
	C	Si	Mn	P	S
BHRB400	0.25	0.75	1.60	≤0.045	≤0.045
BHRB500	0.30	0.75	1.60	≤0.045	≤0.045
BHRB600	0.30	0.75	1.60	≤0.045	≤0.045

3 个级别钢筋与普通建筑螺纹钢（20MnSi）的力学性能见表 1-10。它们构成了现阶段我国螺纹钢锚杆材料系列。

表1-10　螺纹钢锚杆钢筋的力学性能

牌　号	公称直径/mm	屈服强度/MPa	抗拉强度/MPa	伸长率/%
		不小于		
BHRB335	16～22	335	490	18
BHRB400	16～22	400	570	18
BHRB500	18～25	500	670	18
BHRB600	16～25	600	800	18

对于直径 22mm 的 RHBR600 型钢筋，屈服力达到 228.1kN，拉断力达到 304.1kN，分别是同直径建筑螺纹钢的 1.79 倍和 1.63 倍，是同直径圆钢的 2.5 倍和 2.11 倍，真正实现了高强度。国外使用的锚杆杆体材质其屈服强度和抗拉强度更高，更有利于提高锚杆的预紧力，安全性能更好。解决开滦大地压巷道锚杆支护可靠性的最重要的措施是采用更高强锚杆，此事已刻不容缓。

1.4.2.3　螺母

螺母是锚杆的主要组成部分，其作用主要有两方面：一是通过拧紧螺母压紧托板给锚杆施加预应力；二是围岩变形后通过托板、螺母传递到杆体，杆体工作阻力增大，控制围岩变形。因此，螺母是传递和施加应力的部件。对螺母有以下技术要求：

（1）螺母承载能力应与杆体相匹配。螺母的破坏会导致整个锚杆失效。

（2）螺母的结构形状，螺纹的规格与加工精度有利于给锚杆施加较大的预应力。

（3）螺母有利于锚杆快速安装。

螺母有多种类型，如图 1-2 所示，从工作原理螺母可分为普通螺母和快速安装扭矩螺母两大类。普通螺母承载能力小，应逐步予以淘汰，应大力推广快速安装且强度与杆体配套的扭矩螺母。

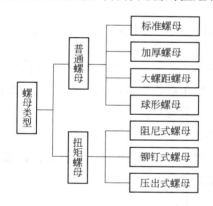

图 1-2　螺母类型

1.4.2.4　托板

锚杆托板的作用主要有两方面：一是通过螺母施加扭矩，压紧托板给螺母提供预紧力，并使预紧力扩散，扩大锚杆的作用范围；二是围岩变形后载荷作用于托板，通过托板将载荷传递到锚杆杆体，增大锚杆工作阻力，进而控制围岩变形。托板是锚杆非常重要的构件之一，其质量的优劣直接关系到锚杆系统作用的发挥。对托板有以下技术要求：

（1）托板的承载能力应与杆体相匹配，托板的过大变形与破坏会导致锚杆支护的能力大大降低，甚至失效。

（2）托板应有一定的变形能力，当载荷较大时可压缩、让压，不致脆裂、失效。

（3）托板应有一定的面积，有利于锚杆预紧力的扩散。

（4）托板应有一定的调心能力，以适应顶板角度的变化，尽量避免偏载而降低锚杆的支护能力。

实践证明，拱形托板具有良好的力学性能。为满足高强度锚杆杆体的需要，必须严格检验配套托板的力学性能，使之与锚杆承载能力相配套。

1.4.2.5　钢筋托梁（梯子梁）

现集团公司尚有一些矿采用钢筋托梁作为锚杆支护的护表构件。钢筋托梁的优点是加工简单、成本低、重量轻、使用方便，但是，钢筋托梁存在以下明显弊端：

（1）采用焊接加工，整体力学性能差，焊接处容易开裂。

（2）托梁宽度窄，护表面积小、作用差，钢筋与围岩表面线接触，不利于锚杆预紧力扩散。

（3）强度低、组合作用差。

（4）刚度小，控制围岩变形能力差。

钢筋托梁规格与力学参数见表1-11。

1.4.2.6　W型钢带

W型钢带是用薄钢板经过多道轨辊连续进行冷弯、滚压成型的产品。由于钢带在冷弯成型过程中的硬化效应，可使钢带强度提高10%~15%。W型钢带的几何形状和力学性能使其具有较好的支护效果，是一种性能比较优越的锚杆组合构件。其优点主要为以下

表 1-11 钢筋托梁规格与力学参数

钢筋直径 /mm	托梁宽度 /mm	托架宽度（加强筋）/mm	截面积 /mm²	屈服载荷 /kN	拉断载荷 /kN	单位长度质量/kg·m⁻¹
10			157.1	37.7	59.7	1.30
12			226.2	54.3	86.0	1.86
14	60~100	600~1000	307.9	73.9	117.0	2.53
13			402.1	96.5	152.8	3.29
18			508.9	122.1	193.4	4.14

注：钢材为 Q235，屈服强度 $\sigma_s = 240\text{MPa}$，抗拉强度 $\sigma_b = 380\text{MPa}$，托梁宽度 80mm，
每米一个托架。

几点：

（1）护表面积大，护表作用强，有利于锚杆预紧力扩散和锚杆作用范围扩大。

（2）强度比较高，组合作用好。

（3）刚度大，抗弯性能好，控制围岩变形的能力强。

W 型钢带规格与力学参数见表 1-12。

表 1-12 W 型钢带规格与力学性能参数

型 号	宽度 /mm	厚度 /mm	孔半径 /mm	截面积 /mm²	拉断载荷 /kN	单位长度质量 /kg·m⁻¹
BHW-280-3.00	280	3.00	20	810	354	7.25
BHW-280-2.75	280	2.75	20	743	324.5	6.65
BHW-280-2.50	280	2.50	20	675	295.0	6.04
BHW-250-3.00	250	3.00	20	720	314.6	6.55
BHW-250-2.75	250	2.75	20	660	288.4	6.01

型 号	宽度 /mm	厚度 /mm	孔半径 /mm	截面积 /mm²	拉断载荷 /kN	单位长度质量 /kg · m⁻¹
BHW-250-2.50	250	2.50	20	600	262.2	5.46
BHW-220-3.00	220	3.00	20	636	277.9	5.90
BHW-220-2.75	220	2.75	20	583	254.8	5.41
BHW-220-2.50	220	2.50	20	530	231.6	4.91

注：钢材为 Q235，冷弯前抗拉强度 $\sigma_b = 380$ MPa，冷弯后提高 15%。

W 型钢带的主要缺点是：当选用钢带较薄、巷道压力较大时，易出现托板压入或压穿钢带，导致钢带发生剪切和撕裂钢带。采用适当加大钢带厚度，或选用强度更高的钢材可以解决这个问题。

1.4.2.7 锚索

锚索由索体（钢绞线）、锚具和托板组成。锚索的特点是锚固深度大，承载能力高，可施加较大的预紧力，因而可以获得比较理想的支护效果。其加固范围、支护强度、可靠性是普通锚杆支护所无法比拟的。我国自 1996 年研制成功小孔径树脂锚固剂预应力锚索后，锚索在煤巷得到大面积推广应用，成为困难巷道补强加固的主要手段。

小孔径树脂锚固剂预应力锚索杆体材料采用钢绞线，对钢绞线有以下要求：

（1）应有较大的拉断载荷，以发挥锚索承载能力大的特点；

（2）具有较大强度的同时，应具有一定的伸长率，保证在一定变形量下不破断；

（3）直径应与钻孔直径相匹配，保证锚索锚固力；

（4）应有一定的柔性，井下使用时可弯曲插入钻孔，又能与钻机连接，搅拌树脂锚固剂。

常用φ15.24、1860 级钢绞线力学参数如表 1-13。

表 1-13 1×7 结构钢绞线力学参数

公称直径/mm	15.24	
强度级别/MPa	1720	1860
公称面积/mm²	140	140
拉断载荷/kN	241	260
1%伸长率的相应载荷/kN	217	234
质量/kg·m⁻¹	1.1	1.1
伸长率/%	3.5	
屈强比/%	90	

在煤层埋藏深、巷道压力大的条件下，经常发生小直径锚索被拉断现象，严重影响了巷道的支护效果和稳定性。为此，近年来，国内又研制成功了更大直径的钢绞线，并且钢绞线的结构也有很大改进，不仅显著提高了索体的拉断力，而且使索体直径与钻孔直径的配合更加合理，现已在很多煤矿推广应用，取得了明显的支护效果。不同锚索索体的力学性能见表 1-14。

表 1-14 不同锚索索体的力学性能

结　构	公称直径/mm	拉断载荷/kN	伸长率/%
1×7 结构	15.24	260	3.5
	17.80	353	4.0
1×19 结构	18.00	408	7.0
	20.00	510	7.0
	22.00	607	7.0

锚索托板有多种形式,但无论何种形式的托板,都要求与锚索强度相适应。大量使用的钢板平托板,其厚度不应小于12mm,一般采用15mm。

1.5　工程质量检测与矿压监测

工程质量检测与矿压监测是整个煤巷锚杆支护系统中不可缺少的重要组成部分。锚杆支护属于隐蔽性工程,支护设计不合理或施工质量不好都可能导致不安全事故的发生,因此,除了严格按设计和作业规程组织施工外,还必须进行施工质量的检测,确保施工质量符合设计和规程要求。同时,要及时监测巷道围岩应力的变化和锚杆受力及分布,以获得支护体和围岩位移和应力变化的信息,判断围岩的稳定性,验证锚杆支护设计的合理性,从而为进一步完善和修改设计提供科学依据。

锚杆工程质量检测主要包括锚杆(索)的锚固性能和安装质量。锚固性能主要指锚固力;安装质量主要包括锚杆预紧力、几何参数、托板、钢带及金属网的安装质量等。

锚杆支护巷道的矿压监测主要包括:巷道表面位移、巷道顶板离层和深部位移、锚杆(索)预紧力、锚杆(索)受力状况及煤岩体应力监测。

1.5.1　锚杆支护工程质量检测

1.5.1.1　锚杆拉拔力检测

锚杆拉拔力是锚杆在拉拔试验时能承受的最大拉力。拉拔力是评价煤岩体可锚性、锚固剂黏结强度、杆体力学性能的重要参数。井下进行锚杆支护之前,必须做拉拔试验,在支护过程中,要定期、定量地做拉拔试验。拉拔试验不仅要测锚杆拉拔力,还应记录锚杆尾部的位移量,进而绘制拉力与位移曲线,综合分析锚固效果。

测量锚杆拉拔力最常用的是锚杆拉拔器。该仪器有多种型号，选择时应注意仪器的型号。拉拔力应与被检测锚杆的直径及强度相匹配。在此不对拉拔器作详细介绍。

除了在巷道实施锚杆支护之前应进行拉拔试验，以检测煤岩体的可锚性，评价应用锚杆支护的可行性之外，最主要的是要对施工后的锚杆进行拉拔试验，以检测锚杆是否达到设计的锚固力。这种检测一般是非破坏性的，一般有以下要求：

（1）锚杆拉拔检测采用锚杆拉拔计在井下施工的巷道中进行。

（2）锚杆拉拔检测抽样率为3%，每300根锚杆抽样一组（9根）进行拉拔试验。拉拔加载到设计锚固力的80%（或锚杆拉断强度的70%）并作记录。

（3）被检测的9根锚杆都应符合要求。只要有一根不合格，再抽样一组(9根)进行试验，如再出现不合格锚杆，就必须分析原因，并采取相应补救措施。

除了正常施工的巷道，应按上述要求进行锚杆拉拔试验，有下列情况之一时，必须进行锚杆拉拔试验：

（1）锚杆支护设计发生变更。

（2）支护材料发生变更。

（3）巷道围岩地质条件发生较大变化，如遇断层、破碎带、褶曲等地质构造，巷道顶板出现较大淋水等。

1.5.1.2 锚杆预紧力检测

锚杆预紧力是高强度、高刚度锚杆支护系统的决定性因素，对支护效果和围岩稳定性起关键性作用，因此，对锚杆（索）预紧力的检测是非常重要的工程检测内容。

锚杆预紧力检测一般采用扭矩扳手进行。检测应符合以下要求：

（1）每班顶帮各抽样一组（3根）进行螺母扭矩检测，每根锚杆的螺母扭矩应符合设计要求。

（2）每组中有 1 个螺母扭矩不合格，就要再抽查一组。如仍发现有不合格的，应将本班安装的所有锚杆螺母重新拧紧和检测一遍，必要时追究相关人员责任。

实践证明，预紧力会随着锚杆安装后时间的加长而发生变化。由于各种因素的影响，预紧力会不同程度地降低，因此，在检测预紧力的同时，对预紧力降低的锚杆实施二次紧固是非常必要的。

1.5.1.3　锚杆支护几何参数与安装质量检测

锚杆支护几何参数包括锚杆间排距、锚杆安装角度、锚杆外露长度等。锚杆几何参数应符合以下要求：

（1）锚杆几何参数检测验收由班组完成。检测间距不大于 20m，每次检测点数不少于 3 个。

（2）锚杆间、排距检测：采用钢卷尺测量。规定在正常情况下间、排距误差不得大于 ±50mm，由于顶板条件的变化，误差可放宽到不大于 100mm。

（3）锚杆安装角度检测：采用半圆仪测量钻孔方位角。一般允许误差为 ±5°。

（4）锚杆外露长度检测：一般要求锚杆外露长度不大于 50mm，但在井下实际操作时，特别是锚杆预紧力较高，围岩松散破碎时，为了达到设计的预紧力，有可能导致锚杆外露长度超标，这种情况下，主要以达到预紧力为主，不能过分强调外露长度。

锚杆托板安装质量检测应符合以下要求：

（1）锚杆托板应安装牢固，与组合构件（钢带、网）一同贴紧围岩表面、不松动。对难以接触部位应楔紧、背实。

（2）检测方法一般采用实地观察和扳动的方式进行。

（3）检测频度同锚杆几何参数。

1.5.1.4 锚索安装工程质量检测

锚索安装工程质量检测内容与锚杆类似,应符合以下要求:

(1) 锚索拉拔试验采用张拉设备在井下巷道中完成。

(2) 锚索预紧力检测采用张拉设备对已安装的锚索进行。锚索拉力值不应低于设计值的90%。对不合格的锚索要进行重新张拉。

(3) 锚索间排距、安装角度、外露长度等每班进行检测。

1.5.2 锚杆支护矿压监测

1.5.2.1 巷道表面位移监测

巷道表面位移是最常用的矿压监测内容,包括顶底板移近量、两帮移近量、顶板下沉量、底鼓量等。根据监测结果,可计算巷道表面位移速度、巷道断面收敛率,绘制位移量、位移速度与采、掘工作面位置与时间的关系曲线,分析巷道围岩变形规律,评价围岩的稳定性和支护效果。

巷道表面位移常用的方法是十字布点法(图1-3)。一个测站一般布置两个监测断面,用以相互对照,两个监测断面相隔0.6~1.0m。监测时测读 *AO*、*AB* 值和 *CO*、*CD* 值,也可测量 *AC*、*AD*、*CB*、*DB* 值。

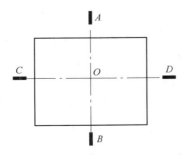

图1-3 巷道表面位移监测断面(十字布点法)示意图

　　测量频度一般距采掘工作面 50m 内,每天测取一次读数,其他时间每周观测 1~2 次。根据围岩稳定性情况,也可根据实际需要,加密或加大观测间隔时间。

　　一般常用的监测仪器,有测枪、钢卷尺及收敛计等。

1.5.2.2 巷道顶板离层监测

　　巷道开挖后,围岩产生变形,顶板出现下沉。由于顶板不同深度的位移是不相同的,一般浅部岩层的位移较大,深部岩层的位移较小,导致浅部岩层与深部岩层出现位移差,顶板的这种位移差即称为顶板离层。测量锚杆支护巷道锚固区内外顶板离层大小,对评价锚杆支护效果和巷道安全程度具有重要意义。

　　监测顶板离层常用的仪器之一是采用顶板离层指示仪。目前该指示仪有多家厂家生产,如煤炭科学研究总院的 LBY-3 型、LBY-1 型,常州常武安全仪器厂生产的 LBY- 型、WBY-10 型、WWJ-3 型、DLY 型等。其中 LBY-1 型顶板离层指示仪带有离层超限声光报警功能。

　　离层指示仪一般带有一个深部锚固基点和一个浅部锚固基点,分别监测巷道表面与浅部基点之间、浅部基点与深部基点之间的相对位移。浅部基点设置在锚杆端部位置,深部基点设置在比较稳定的深部围岩中。基点固定采用弹簧爪式结构,测量钢丝与固定基点与测读装置连接,测读装置由两个贴有反光膜和带有刻度的圆管组成,采用一个套管插入孔中,作为测读装置的基准点。当锚杆锚固范围内有离层时,顶板(套管)沿外侧圆管向下移动;当锚固范围外顶板离层时,外侧管与顶板相对位置不变,但沿内测管向下滑动,表明顶板有离层,离层量由内测管标尺指示;当锚杆锚固范围内、外都有离层时,内、外测管分别有离层显示,其示值之和为总离层值。

　　顶板离层指示仪的安设数量可参考表 1-15。

表 1-15　顶板离层指示仪安设数量

围岩类别	巷道宽度		备　注
	≤3m	>3m	
Ⅱ	每 100m 一个	每 80m 一个	
Ⅲ	每 70m 一个	每 50m 一个	在地质构造带或巷道交叉点应适当增加安设数量
Ⅳ	每 50m 一个	每 30m 一个	
Ⅴ	每 50m 一个	每 30m 一个	

1.5.2.3　巷道围岩深部多点位移监测

顶板离层指示仪属于两点位移计，只能监测浅部（锚固点以下）和深部（锚固点以上）两大范围的离层情况，而要确切掌握具体的离层位置与分布，就需要在钻孔中安设多个测点，这种测量围岩不同深度多个测点位移的仪器即为多点位移计。

国内外开发研制出多种结构形式的多点位移计，按测量原理可分为机械式多点位移计，如 KBW-1 型；电测式多点位移计，如 ZW-4/6 型电测多点位移计；声波多点位移计，如美国产 Geokon 700 型声波多点位移计等。目前国内煤矿采用机械式多点位移计较多。近年来，电测多点位移计和声波多点位移计也有不少应用，均取得良好的监测效果。

不论采用何种测试原理研制的多点位移计，其特点就是测点安装多，可以监测更详细、具体的围岩移动位置，为修正锚杆支护设计打下良好的基础。有关多点位移计的结构、安装、使用以及监测数据的整理本文不作详细论述，使用者可参考有关资料。

1.5.2.4　锚杆与锚索受力监测

锚杆与锚索受力监测是巷道矿压监测的重要内容，通过监测支护体受力大小与分布，可比较全面地了解锚杆与锚索的工作状况，判断锚杆是否发生屈服和破断，评价巷道围岩的稳定性与安全性、锚杆支护设计是否合理，根据监测数据提出对锚杆支护设计的修改建议。

国内外已有多种锚杆与锚索受力监测仪器，按工作原理分，有液压式、钢弦式及电阻应变式等。按用途分，有安装在孔口，用于测量锚杆(索)尾部载荷的锚杆(索)测力计；有用于测量全长锚杆受力的测力锚杆等。

A 液压式锚杆(索)测力计

液压式锚杆(索)测力计厂家和型号很多，其结构和工作原理较简单。液压式锚杆测力计主要由一个带圆孔的液压枕与油压读数表组成。安装时，将液压枕的圆孔套入锚杆(索)，置于锚杆(索)托板以下，再加一托板，拧紧螺母即完成安装。锚杆受力后挤压托板，托板将压力传递到液压枕上，引起液压枕内油压增高，油压表读出压力值。经过简单换算，即可得到锚杆(索)尾部承受的拉力值。

表1-16是煤科总院北京建井研究所开发的圆环形锚杆(索)测力计主要技术参数。

表1-16 不同型号圆环形锚杆(索)测力计主要技术参数

技术参数	ML-300	ML-500	ML-1000
测量范围/kN	0~300	0~500	0~1000
分辨率/kN	0.1	0.1	0.1
测试精度/%	<1	<1	<1
传感器质量/kg	4.4	6.5	19
测力计中心孔距/mm	40	45	90

B 钢弦式锚杆(索)测力计

钢弦式锚杆(索)测力计的工作原理是将液压枕油转换成钢弦的震动频率，通过测量钢弦的频率确定锚杆(索)的载荷。钢弦式锚杆(索)测力计其外形及安装方法与液压式完全一致，其数据的测试是通过一个主机与测力计相连，通过主机测取读数。钢弦式测力计有多种型号，但其用量逐步减少。

C 电阻应变式锚杆(索)测力计

电阻应变式锚杆(索)测力计采用电阻应变测量的工作原理。电阻应变片作为敏感元件，与锚杆(索)测力计刚性体粘贴在一起，同步变形，通过测量应变片的电阻变化即可测出刚性体的应变值，根据刚性体的应变值，换算出锚杆(索)的载荷值。

由煤科总院北京开采所研制开发的 GYS-300 型电阻应变式锚杆(索)测力计，其结构主要由刚体、静态电阻应变仪、球形垫片、连接导线等组成。其主要技术特征为：

量程	300kN
外形尺寸	100mm × 40mm × 50mm
中心孔径尺寸	23mm
精度	优于1%

测力计在井下安装前，需在安设点测量初读数，在锚杆(索)体安装完毕后，将测力计套入，通过调整测力计位置及球形垫片，使测力计受力均衡，然后安装螺母（或锚具）施加预紧力，测力计安装完毕。

每次测量时先将保护头内的防护盖旋下，接上导线，另一端与应变仪接通，打开应变仪，即开始测量，记录测量数据。测量频度应根据实际需要确定。

D 测力锚杆

锚杆(索)测力计只能测量锚杆(索)尾部的载荷。但对于加长或全长锚固锚杆来说，其沿杆体长度方向受力有很大差别，因此，仅测量锚杆尾部受力状况并不能反映锚杆的整体应力状态。为了解和研究锚杆杆体在不同部位的受力大小与分布，国内外开发研制了多种形式的测量仪器，其中测力锚杆应用最为普遍。

测力锚杆实际上是利用电阻应变测量的工作原理制成。采用电阻应变片作为敏感元件，沿杆体的长度方向粘贴若干组，使应变片与杆体同步受力和变形，通过测量应变片的电阻变化即可测出杆体的应变值。基于杆体应变值，换算出杆体应力值。

测力锚杆主要由杆体、保护接头、静态电阻应变仪、多通道转换开关、连接导线等几部分组成。杆体两侧开设线槽，全长等距布置6对应变片。应变片的引线接入保护头内的航空插座中，接通应变仪即可进行测试。

在需要测试的地方，将普通锚杆换成测力锚杆，测力锚杆应尽可能靠近工作面安装，但必须保证不被掘进机切割头或放炮损坏。安装多个测力锚杆，应从左到右进行编号，测力锚杆的安装方向应保证杆体上的应变片面向巷道两帮。

测力锚杆在安装前必须测定初读数，按照完后再测一次读数。测量频度一般为：距掘进工作面5m范围内至少观测2~3次，以后每掘进10m至少观测一次，直到数据趋向稳定。巷道变形相对稳定阶段，每月测1~2次。进入回采阶段，应根据采动影响程度，确定观测次数。

本章概要介绍了锚杆支护巷道工程质量检测与矿压监测的主要内容、方法和仪器。一般来说，工程质量检测的内容在锚杆支护都是必须进行的，而矿压监测的内容可根据工程的实际需要，有选择地进行，比如测力锚杆，一般应用在对巷道、煤层、顶底板条件乃至矿压显现完全没有经验的情况下，而如果已经对类似条件下的锚杆受力状况有所了解，就不一定再采用。无论采用何种监测手段，都必须做好记录，并随时对监测数据进行处理，以便总结经验，发现问题，为最终完善锚杆支护设计提供可靠依据。

2 唐山矿回采巷道支护设计及方法研究

　　唐山矿是一个拥有百余年历史的老矿，它的成长和发展也是我国煤炭开采历史技术发展的浓缩。在煤炭科技的引进和创新上，从第一台蒸汽机车引入中国煤矿进行西法开采，到新中国成立后采用普通机械化开采，又到改革开放后的综合机械化开采技术和特厚煤层放顶煤成套技术的研制开发，再到近些年铁路煤柱的注浆减沉开采，唐山矿职工始终"科技是第一生产力"的指导方针，为唐山矿老井挖潜和整个开滦的煤炭科技发展作出了许多卓有成效的工作。这是值得我们每个开滦人、每个煤炭从业者敬佩和学习的。

　　在巷道支护设计和掘进组织施工上，唐山矿的员工们同样进行着不断的探索和创新，形成了一整套适合唐山矿地质和采煤工艺特点配套技术，特别是大采深、高应力、特厚煤层、大断面等针对性巷道设计方法和施工措施，近一步丰富了我国回采巷道的支护技术，为相似开采条件下提升煤巷掘进进尺、保证工程安全提供宝贵的借鉴。

2.1　U 型钢可缩性拱形支架巷道支护设计

2.1.1　U 型钢拱形可缩性支架使用概况

　　唐山矿的回采巷道支护中，U 型钢拱形可缩性支架还占有相当比重。这种支护形式的优点是具有较高的初撑力，增阻速度快、支护强度大和具有一定的可缩性等特点，其最大优点是当围岩作用于支架上的压力达到一定值时，支架便产生屈服缩动，缩动的结果使围岩作用于支架上的压力下降，从而避免了围岩的压力大于支架的承载力而导致支架破坏，从而保证巷道的正常使用。特别是在穿煤层破碎带、冒顶区接顶段或巷道超挖点难以充填地段，采用此种支护形式往往取得较好的支护效果。从巷道支护技术的发展看，这种支护形式较之锚杆支护，较早应用于唐山矿煤巷支护，在技术装备、支护设计和施工组织上，有着较为成熟的技术措施和经验。

目前，该矿各生产工作面均采用综合机械化开采技术，要求上下两巷、开切眼以及辅助联络巷断面较大，U 型钢可缩性拱形支架主要用于锚杆难以发挥作用的复采煤层、围岩松软破碎以及巷道超挖难以充填的地带。使用的架型和断面设计如表 2-1、图 2-1 ~ 图 2-3 所示。

表 2-1 唐山矿拱形支架支护特征表

架 型	棚距或板距/m	设计参数/mm	典型使用地点和方法	施工要求
平 顶 拱 8.4m²	0.8 ~ 1.0	高度 2310，宽度 4170，棚腿搭接 400，卡距 300	综采 T_3253，炮掘和机掘	顺槽与切眼沿底板按线
圆 弧 拱 10.4m²	0.6 ~ 0.7	高度 2800，宽度 4582，棚腿搭接 360 ~ 400，卡距 300	综采 T_3121、T_3122、T_3123、T_3124、T_2022，炮掘和机掘	顺槽与切眼沿底板按线
圆 弧 拱 14m²	0.4 ~ 0.6	高度 3510，宽度 4840，棚腿搭接 450，卡距 350	综放 T_2193，炮掘和机掘	顺槽与切眼沿底板按线

2.1.2 T_2022 工作面 10.4m² 拱形支架支护设计

在架棚巷道的支护设计中，普遍采用工程类比法。限于篇幅，下

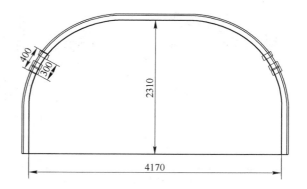

图 2-1 8.4m² 平顶拱形支架巷道断面施工示意图

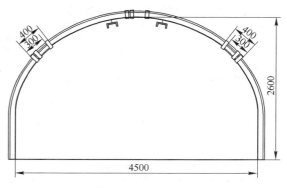

图 2-2 10.4m² 拱形支架巷道断面施工示意图

面分析以 T_2022 工作面回采巷道为例，说明 25U 和 29U 型钢可缩性支架的支护设计过程。

T_2022 工作面位于铁二区东部边缘。北部为风井工业广场煤柱。南部为 11 水平本煤层已采区及 5211 工作面采空区。西部为本煤层未采区。东部为 11 水平正副巷。开采深度为 −580 ～ −600m。各回采巷道均沿 12 煤层掘进。煤层赋存特征和顶底板情况见表 2-2 和表 2-3。根据附近资料分析，该工作面为单斜地层，掘进过程中可能遇到一条正断层 F1，落差不大。

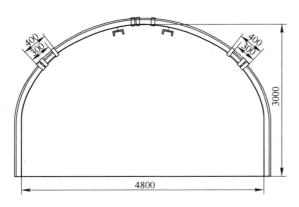

图 2-3 14m² 拱形支架巷道断面施工示意图

表 2-2 T₂022 区域煤(岩)层赋存特征表

项 目	指 标	项 目	指 标
煤层厚度(最小~最大/平均)	(0.6~2.4m)/1.7m	煤层自然发火期	12 个月
煤层倾角(最小~最大/平均)	(2°~6°)/4°	瓦斯绝对涌出量	0.68m³/min
煤层层理与节理	简单	煤尘爆炸指数	46.73%

表 2-3 12 煤层顶底板情况表

顶底板名称		岩石类别	厚度/m	岩 性 特 征
顶板	老顶	深灰色泥岩	5.80	泥质成分,含粉砂岩,致密
	直接顶	浅灰色砂质泥岩、粉砂岩互层	1.31	砂泥质成分,节理裂隙发育,含云母碎屑及植物残体化石,中间有小煤线
底板	直接底	深灰色泥岩	4.01	泥质成分,含大量植物根化石
	老底	深灰色砂质泥岩	24.42	成分以石英、长石为主,硅质到硅泥质胶结,局部风化

根据工程类别，该段巷道棚距取 0.7m，支架承受载荷的验算如式 2-1。

$$Q = L \times 3.14 \times 0.5 \times \gamma (a \times h - a_1 \times b_1)$$
$$= 0.75 \times 3.14 \times 0.5 \times 2.61(2.5 \times 2.5 - 1.56 \times 0.64) \qquad (2\text{-}1)$$
$$= 16.14t$$

式中　a——巷道荒断面宽度的 1/2，计算取 2.5m；

　　　γ——直接顶容重，取 2.61t/m³；

　　　L——棚距，允许误差为 ±50mm，取较大值 0.75m；

　　　a_1——梁弦长的 1/2，即 3.11/2 = 1.56m；

　　　b_1——梁弦高的 1/2，取 0.64m；

　　　h——荒断面巷高的 1/2 加冒落拱高 b'：

$$h = b/2 + b' = 3.0/2 + 1.0 = 2.5m \qquad (2\text{-}2)$$

式中　b——荒断面巷高，取 3.0m；

　　　b'——岩石冒落自然平衡拱的高度的 1/2，经计算并考虑地质影响取 1.0m：

$$b' = a'/f = [a + b\cot(45° - \phi/2)]/f$$
$$= [2.5 + 3.0 \times \cot(45° - 40°/2)]/4 \qquad (2\text{-}3)$$
$$= 3.91/4 = 0.978$$

式中　a'——岩石冒落自然平衡拱宽度的 1/2，经计算取 3.91m；

　　　f——岩石硬度系数，取 4.0；

　　　ϕ——岩石摩擦角，取 40°。

由上述计算可知，架棚拱形支架承受的理论载荷为 16.14t，而 25U-10.4m² 拱形支架的承载能力为 21t，29U-10.4m² 拱形支架的承载能力为 27t，大于围岩载荷并有一定的储备，符合支护强度要求，如遇地质构造，压力大时可适当缩小棚距或采用 29U-10.4m² 拱形支架。

多年的开采实践表明，上述支护方法，除个别地段需要套修和补强支护外，巷道在掘进影响期、稳定期和开采影响期内，支护强度较高，断面变形较小，基本能够满足采面开采要求。

2.2　地应力测量与围岩强度测量

　　架棚支护在唐山矿巷道工程实践中，相当长的时期内占据了主导地位，发挥了重要作用。近年来，唐山矿在老井挖潜、不断稳定产能的进程中，该支护形式成巷速度慢、支护成本高、高应力条件下支护效果欠佳等缺点不断困扰着唐山矿技术人员和协作单位的技术人员。与时俱进，探索新型锚杆支护形式在唐山矿特定条件下的应用可能性，成为亟待解决的课题之一。为此，我们遵循先易后难的原则，率先开展了较薄煤层 12 煤和 5 煤回采巷道锚杆支护的工程试验，取得了一定基础研究成果和较好的应用成果，后逐步推广。在此基础上，针对铁二区 8、9 煤层合区特厚煤层放顶煤工作面，与煤炭科学研究总院、河北理工大学等单位开展了大采深、高应力、孤岛煤柱、大断面锚杆巷道支护技术的科技攻关，取得了较为丰硕的成果。

　　开展锚杆巷道支护，必须有充实的现场地应力和围岩强度研究为支撑。上世纪 90 年代中后期，是开滦矿区锚杆巷道支护技术的大发展时期。1997 年，开滦矿区与辽宁工程技术大学（原阜新矿业学院）合作，在荆各庄、唐山和钱家营 3 个矿实施钻孔应力测量，基本掌握了原岩应力分布、最大主应力值和方位角，以及最大主应力与垂直应力比值等基础岩石力学数据，对指导锚杆支护设计，合理布置采掘工程和支护参数，起了十分重要的作用。2000 年，在唐山矿"大采深特厚煤层高应力区全煤巷道与开切眼支护技术研究"项目的开展中，在新的开采区域，对唐山矿区的地应力进行了补充测量和 9 煤巷道围岩强度测试，进一步丰富了唐山矿的地应力基础数据和围岩力学参数。

2.2.1　地应力测量

　　实验地点为 T2191 工作面，为 8、9 合区煤层，是京山铁路煤柱厚煤层开采首工作面，南部为5281、5282等已采区，北部为本煤层采区，东部为风井工业广场煤柱，西部为本煤层未采区。煤层厚度为9~11m，倾角为3°~8°。工作面走向长为1010m，倾斜长为150m，上距已开采5煤40m左右，预计涌水量为0.2m³/min。

　　测量采用KX-81型空心包体三轴地应力计，属相对测量方法（套心法）。其实质是人为扰动原岩应力状态，同时测量其应变，随后对套取岩芯进行率定，确定应力应变关系，利用弹性力学理论求解岩体的各应力分量。该法是目前地下巷道中进行原岩应力测量的常用方法，具有安装方便、定位准确等优点。应力计结构如图2-4所示，它由三组应变花嵌入环氧树脂组成，呈120°空间夹角布置。每组应变花中有4个应变片，与应力轴夹角分别为0°、90°和±45°，在应变花外浇注有树脂保护层，使应力计具有较高的绝缘性和防水性。岩体应变读数仪器为YJK4500型数字式电阻应变仪，定向仪器为SDX水平定向仪。

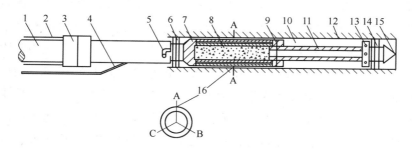

图2-4　KX-81型空心包体三轴地应力计结构示意图

1—安装杆；2—定向器导线；3—定向器；4—读数电缆；5—定向销；6，14—密封圈；7—环氧树脂筒；8—空腔(内装粘胶剂)；9—固定销；10—应力计与孔壁之间的空隙；11—柱塞；12—岩石钻孔；13—出胶孔；15—导向头；16—应变花

　　井下现场测量工作分为：（1）打测量钻孔；（2）应力计定向；（3）应力计的安装；（4）应力计固化；（5）应力解除等过程（见图2-5）。室内工作包括：（1）传感器围压率定；（2）岩芯力学性质测

定；（3）应力计算。

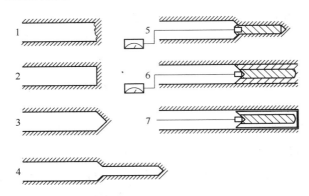

图 2-5 现场测量施工流程图

1—钻直径 130mm 大孔；2—磨平孔底；3—钻喇叭口；4—钻直径 36mm 小孔；

5—安装应力计；6—套芯解除应力；7—折断岩芯并取出

通过实验室测定得到测量地点岩石的受力的基本参数后，将现场测量的数据输入计算机，用 KX-81 地应力计算软件计算各测点地应力大小和方向，结果见表 2-4。综合分析表明，唐山矿实测最大主应力值为 29.5 ~ 33MPa，方位角为 131° ~ 148°，水平应力与垂直应力的比值为 1.6，与自重应力水平分力的比值为 6.13，存在较大的构造应力。因较大水平应力的存在，巷道顶底板岩层主要发生剪切破坏，继而出现岩层错动和底板岩层膨胀。因此，在唐山矿的锚杆支护设计中，应注重考虑在顶板变形早期提高围岩稳定性，以控制后期变形。

表 2-4 唐山矿实测地应力值

孔号	测点位置	主应力类别	主应力值/MPa	方位角/(°)	倾角/(°)
1	801 大巷	最大主应力 σ_1	29.5	131	2.8
		中间主应力 σ_2	21.3		78
		最小主应力 σ_3	12	41	11.2

续表 2-4

孔号	测点位置	主应力类别	主应力值/MPa	方位角/(°)	倾角/(°)
2	801 绕道	最大主应力 σ_1	33.3	148	8.7
		中间主应力 σ_2	20.2		58.5
		最小主应力 σ_3	18.5	53	29.9

2.2.2 围岩强度测试

为进一步研究围岩的力学性能,在测试点提取了 5 煤和 12 煤顶板岩样,进行了力学测试,结果见表 2-5。可见,测试点岩石强度高、脆性大,特别是 5 煤,直接顶与基本顶无明显界面,往往形成一体,具有积聚大量弹性能的条件,这在巷道施工中和采面回采中应引起高度重视,防止发生冲击矿压。

表 2-5 5 煤、12 煤顶板岩石力学测试结果

编号	取样位置	岩性	单向抗压强度/10^4MPa	弹性模量/10^4MPa	泊松比	单位
1	12 煤顶板	细砂岩	72.8 ~ 80.7	5.95 ~ 7.15	0.21	辽工大
2	5 煤顶板	细砂岩	141.6	4.19	0.28	煤科院

9 煤是唐山矿近期保证产量的主采煤层,采用特厚煤层放顶煤开采法,上下两巷及开切眼断面大,需进行该煤层的围岩强度测定,测试仪器为 WQCZ-1 型围岩强度测定装置。测试地点取在 $T_2$191 工作面运输巷外口煤层上山内。布置 2 个钻孔,顶板孔顺煤层上山 (N300°),迎煤层倾角上扬 35°,孔深 12.6m;侧帮钻孔沿煤层走向 (N30°),迎煤层倾角上扬 5°,孔深 4m。测试结果见表 2-6。

表 2-6 9 煤岩强度力学测试结果

位置	岩性	厚度/m	单轴抗压强度/MPa	平均单轴抗压强度/MPa
顶板	深灰色泥岩	1.08	67.6 ~ 88.3	76
	煤层	1.29	9.7 ~ 24.8	16
	深灰色泥岩	0.36	19.3 ~ 38.6	29

位置	岩 性	厚度/m	单轴抗压强度/MPa	平均单轴抗压强度/MPa
	煤层	2.52	13.8 ~ 27.6	23
顶板	深灰色泥岩	0.36	26.2 ~ 29.0	26.6
	煤层，含夹矸	3.6	2.8 ~ 41.4	22
侧帮	煤层		11.0 ~ 20.7	14.5

2.3   锚杆支护设计

2.3.1   唐山矿煤巷锚杆支护的发展历程

锚杆支护是指在围岩体内部通过锚杆来提高和改善围岩体的力学性能，从而使围岩保持稳定的一种支护方法，从支护机理上属于"主动"支护，可以充分利用围岩的自承能力提高巷道围岩的稳定性，将载荷体变为承载体。与棚式支护相比，有利于改善巷道的维护状态，保持长期稳定。从技术经济上说，可以大量节约钢材，减少支护材料运输和装卸支架工作量，减轻工人的劳动强度，改善作业环境，降低掘进和回采期间的支护成本，提高掘进效率，为综采工作面的快速安装创造条件。

唐山矿的锚杆支护实践率先在较薄煤层中开展，也经历了一段逐步摸索、总结和提高的过程。1978 年前后开始工业性试验，验证了锚杆支护技术上的可行性，取得了一定的经济效果。但当时受传统支护理念的局限，在井深巷远、压力大、地质条件复杂条件下，存在着支护安全上不及架棚支护的认识误区，加之当时打眼机具落后，配套设备欠完善，制约了该技术的广泛推广。20 世纪 90 年代初钢材大幅涨价的形势所迫，促使锚杆巷道的推广工作重新进入高潮。也正是在这一时期，唐山矿和荆各庄由于当时技术条件限制，煤巷锚杆设计上强度较弱，检测手段不可靠，相继发生 4 起大面积冒顶事故，锚杆支护的推广工作再次受阻。20 世纪 90 年代中后期，开滦局在完成"开

滦矿区采准巷道锚杆支护围岩分类"，"采准巷道锚杆支护合理结构
形式、参数及设计方法"，"锚杆支护检测技术及安全控制指标" 等
主要研究内容和成果基础上，锚杆支护设计理念进一步成熟，相关设
备逐步配套，锚杆巷道支护开始大面积推广。唐山矿在 12 煤层采用
高强锚杆支护获得成功，后在开切眼亮面、综采面收尾进一步应用，
实现了高产高效。此后，锚杆支护技术在开滦各局、唐山矿各煤层巷
道推广开来。近年来，在回采铁一区、铁二区铁路煤柱的过程中，遇
到了 9 煤特厚煤层全煤巷大应力的难以支护的新问题，开展了 T_2191
巷道及开切眼锚杆支护研究课题并获成功，逐渐掌握了该特殊地质条
件下的锚杆设计和施工的关键技术，形成了一整套锚杆巷道工程类比
设计方法。

2.3.2 12 煤较薄煤层锚杆支护设计

12 煤层属较薄煤层，锚杆支护难点为易抽冒、地应力较大。多
年的工程经验促使了唐山矿技术人员对该煤层的锚杆支护设计、施工
和检测不断成熟，实现了规范化和标准化。下面以铁二一采区 12-1
煤层为例说明其锚杆支护设计过程。

铁二一采区煤层老顶为深灰色泥岩，厚度为 5.8m，抗压强
度 $R_c = 76.6$ MPa；直接顶为腐泥质泥岩，厚度为 1.43 ~ 4.37m，
平均为 2.8m；直接底为深灰色泥岩，厚为 4.01m；老底为灰白
色中砂岩，厚为 24.42m。煤层赋存特征见表 2-7。东部为风井工
业广场保护煤柱，西部为铁二、三采区本煤层未采区，北部为北
翼本煤层工作面采空区，南部为南翼十一水平本煤层工作面采空
区，上部为 8、9 合区采空区。采区内有 T_2121、T_2122、T_2123
和 T_2124 四个设计工作面，为 5 ~ 12 间弱含水层，突水性较差，
预计最大涌水量 $Q = 0.50 \text{m}^3/\text{min}$，正常涌水量 $Q = 0.10 \text{m}^3/\text{min}$。

铁二一采区 12 煤层回采巷道工程包括运煤边眼、运料边眼、溜
子道、风道、切眼，适宜地点首选锚杆进行支护。顶板采用 W 型钢

带、锚杆、锚索、菱形网联合支护，树脂加长锚固；巷帮采用菱形网、锚杆进行支护，煤层松软破碎时配合 W 型钢带联合护帮；使用锚网支护顶板时，后路打锚索进行加固。断面规格为矩形，宽为 4～4.5m，高为 2.5～2.8m。

表 2-7　铁二一采区煤（岩）层赋存特征表

项　　目	指　　标	项　　目	指　　标
煤层厚度（最小～最大/平均）	(0.7～2.5m)/1.5m	煤层自然发火期	12 个月
煤层倾角（最小～最大/平均）	(7°～23°)/16°	瓦斯绝对涌出量	2.256m³/min
煤层层理与节理	简单	煤尘爆炸指数	46.73%

2.3.2.1　锚杆长度

据理论分析，顶部两侧倾斜锚杆长度确定原则是，其端部固定水平投影深入两帮内 0.5m 以上，以保证两帮煤体的有效支撑，从而实现将巷道顶部载荷向两帮转移。经验显示，锚杆与水平面夹角 α = 60°～70°时，锚杆控顶效果最好。锚杆长度计算如式 2-4，结合开滦集团现有生产锚杆规格，取长度为 2200mm。

$$L = (L_1 + L_2)/\cos\alpha + L_3 + L_4 \tag{2-4}$$
$$= (500 + 250)/\cos60° + 500 + 170 = 2170mm$$

式中　　L——锚杆长度，中间垂直锚杆长度与倾斜锚杆长度相同，mm；

　　　　L_1——锚杆锚固端水平投影深入煤体的水平距离，取 500mm；

　　　　L_2——倾斜锚杆下端到煤壁的水平距离，取 250mm；

　　　　L_3——额定锚固长度，取 500mm；

　　　　L_4——锚固外露长度，取 170mm；

α——倾斜锚杆与水平面夹角，$\geqslant 60°$。

2.3.2.2 锚杆间距

根据经验公式2-5，考虑 W 型钢带的配套规格，选择顶锚杆每排6 根，间距为 700mm。

$$D \leqslant 1/2L = 1/2 \times 2200 = 1100mm \qquad (2-5)$$

式中 D——锚杆间距，mm。

2.3.2.3 锚杆直径及锚固长度

$$d = L/110 = 2200/110 = 200mm \qquad (2-6)$$

确定采用右旋等强锚杆，材质为 20MnSi，根据树脂药卷的长度和数量，考虑在岩体中锚固，取锚固长度为 1400mm。

2.3.2.4 悬吊重量及拉力

$$G = K \times \gamma \times L_2' \times D^2 = 1.8 \times 2.61 \times 0.9 \times 0.70^2 = 2.07 \ 吨/根 \qquad (2-7)$$

式中 G——锚杆悬吊岩石重量，吨/根；

$\qquad K$——安全系数，取 1.8；

$\qquad \gamma$——岩体容重，取 2.61t/m^3；

$\qquad L_2'$——锚杆有效长度，取 0.9m。

2.3.2.5 屈服强度计算

$$P_1 = \frac{\pi}{4}d^2\sigma_1 = \frac{3.14}{4} \times 22^2 \times 34 \times 10^{-3} = 12.92 \ 吨/根 \qquad (2-8)$$

式中 P_1——锚杆屈服强度，吨/根；

$\qquad \sigma_1$——20MnSi 螺纹钢屈服极限，34kg/mm^2。

2.3.2.6 抗拉强度计算

$$P_1 = \frac{\pi}{4}d^2\sigma_2 = \frac{3.14}{4} \times 22^2 \times 52 \times 10^{-3} = 19.76 \ 吨/根 \qquad (2-9)$$

式中 P_1——锚杆屈服强度，吨/根；

σ_2——20MnSi 螺纹钢屈服极限，$52kg/mm^2$。

经上述计算，锚杆的屈服强度和抗拉强度远大于其理论计算的悬吊岩石重量，故确定锚杆直径、长度设计能够满足支护要求，确定锚杆拉拔力测定达到 7 吨/根为合格。

2.3.2.7 帮锚杆与锚索

根据附近采掘工程支护经验，帮锚杆每帮布置 4 排，呈五花眼布置，最上一排距上顶不大于 300mm，最下一排距底板不大于 500mm，中间锚杆间距为 800mm，排距为 700 ~ 800mm。锚杆角度垂直煤壁，靠近顶底板的两根与水平线呈 10°夹角。

锚索长度为 6500mm，采用 5 只树脂药卷锚固，锚固长度 3760mm。平行打两趟锚索，隔一排一打，呈三花眼布置，两侧锚索距巷帮 1400mm，安装滞后迎头不得超过 20m。

综上，该区域锚杆支护材料和规格见表 2-8、表 2-9，断面支护设计如图 2-6。

表 2-8 铁二一采区 12 煤层回采巷道锚杆支护材料和规格 （mm）

类别		锚杆	托板	锚固剂	顶网	钢带
顶锚杆		$\phi 20 \times 2200$	$120 \times 120 \times 10$	$\phi 23 \times 330$ 或 $\phi 23 \times 550$	5000×900	W220
		右旋等强锚杆	高强度预应力托板	树脂药卷	12 号铅丝菱形金属网	
帮锚杆		$\phi 20 \times 2200$/玻璃钢锚杆	$\phi 120$（厚度 8 ~ 12）或 $\phi 120$	$\phi 23 \times 330$	2800×1700	
		右旋等强锚杆	高强度预应力托板或高强度预应力塑料圆托盘	树脂药卷	12 号铅丝菱形金属网	

表 2-9　铁二一采区 12 煤层回采巷道锚索补强支护材料和规格　（mm）

类别	锚索	托梁	锚固剂	木垫
锚索补强	$\phi 17.8 \times 6500$	25U 或 29U 型钢	$\phi 23 \times 330$ 或 $\phi 23 \times 550$	$200 \times 200 \times (35 \sim 40)$
	1×7 股高强度低松弛预应力钢绞线	长度不小于 1000	树脂药卷	方形木板

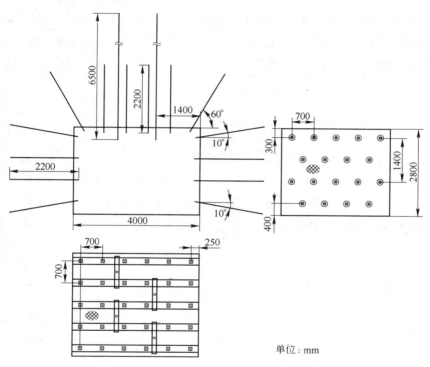

单位: mm

图 2-6　铁二一采区 12 煤层锚杆巷道断面支护设计图

2.3.3　9 煤特厚煤层锚杆支护设计

2.3.3.1　工作面概况

9 煤层的锚杆支护问题是在生产区域转为铁二区 9 煤特厚煤层范

围时提出的，采用放顶煤回采工艺，回采强度大，属深部高应力区域。设计巷道所属工作面号为 T_2193，位于唐山铁二区，属8、9煤层合区工作面，南与本区域 T_2192 相邻，北与 T_2194 工作面相邻，东至风井工业广场保护煤柱，西至本煤层未采区。上部为 T_2153 采空区及其残留煤柱。

该范围位于矿区煤地层弱含水层段，涌水量较小，邻区开采工作无较大涌水，预计施工时涌水量为 $0.05m^3/min$。煤层沉积稳定，煤层中有 2～3 层夹石，煤岩类型以半亮型为主，单轴抗压强度19.7MPa 左右，煤层厚度为 9～11m；煤层倾角为 3°～19°，平均为 11°。

2.3.3.2　上下平巷锚杆支护设计

设计巷道采用树脂加长锚固梁网组合支护，锚索进行补强，沿底掘进，巷道断面呈矩形，宽 4500mm，高 3000mm。各支护参数计算过程与本节12煤锚杆巷道支护设计类似，采用式2-4～式2-9进行计算和强度验算，布置如图2-7所示。图2-8所示为 T_2193 工作面上下

柱状	厚度/m	名　称	岩　性　描　述
	14.4	浅灰色细砂岩	
	4.16	深灰色砂质泥岩	主要成分泥质，含砂质，硅泥质胶结，断口锐利，含植物叶片化石
	1.29	煤层	
	0.36	夹石	泥质，含炭质成分较高
	3.52	煤层	
	0.36	夹石	主要成分泥质，含炭质成分
	1.15	煤层	
	0.20	夹石	主要成分泥质，含炭质成分
	5.40	煤层	
	4.70	深灰色泥岩	主要成分泥质，泥质胶结，含植物叶片化石

图2-7　T_2193 工作面9煤层顶底板柱状图

平巷支护设计图。

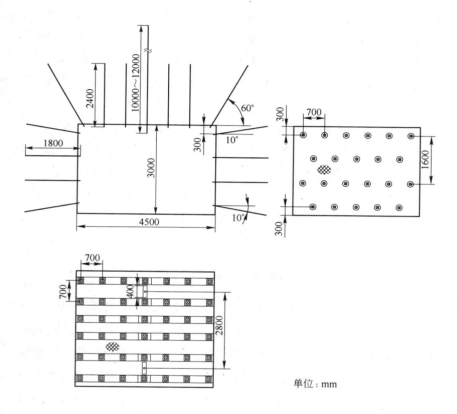

单位: mm

图 2-8 T₂193 工作面上下平巷支护设计图

顶锚杆采用ϕ22 右旋无纵筋等强锚杆，长度为 2400mm，材质 20MnSi。锚杆间距为 700mm，排距为 700mm，每排 7 根。锚固剂采用树脂药卷 3 个，直径为ϕ23mm，长度为 300mm，锚固长度为 1400mm。网片规格 12 号菱形金属网，4500mm × 900mm。W 型钢带宽为 220mm，厚为 3mm，长为 2300mm × 2，托板规格为 T120，木垫为 200mm × 200mm × (35 ~ 40mm)。顶部两侧倾斜锚杆与水平面夹角 α = 60° ~ 70°。

锚索采用 ϕ15.24mm，1×7 股高强度低松弛预应力钢绞线，屈服载荷 ≥234.65kN，破断载荷 ≥260.7kN，伸长率为 3.5%。长度为 10~12m，间距为 2.8m，即每 4 排打一颗锚索，6 支树脂药卷加固，锚固长度为 3760mm，要求深入顶板不小于 1500mm。托梁选用 16 号以上槽钢或采用 25U 支撑钢，长度不小于 400mm。

帮锚杆：A3 圆螺纹钢锚杆，直径为 18mm，长度为 1800mm，杆尾螺纹规格 M20，破断力为 97kN。锚杆排距为 700mm，间距为 800mm，每帮 4 根交错布置，最上一排距顶不大于 300mm，最下一排距底不大于 500mm。靠近顶底的两根锚杆与水平线呈 10° 夹角。锚固方式为树脂药卷端部锚固。网片采用 12 号铅丝菱形金属网，2700mm×1700mm。

2.3.3.3　大断面开切眼锚杆支护设计

开切眼支护设计以上下平巷设计为基础，以之为借鉴。但开切眼由于为采掘服务目的不同，有着其设计特点。首先，开切眼终断面要求满足放顶煤综采设备的安装，断面规格较大，要求预留较大的变形量；其次，现有的煤巷掘进机施工上要求对巷道分两次开掘，巷道经受二次采动影响。此外，巷道断面上的水平应力与最小主应力方向基本一致，设计巷道受力不均。根据轴变理论，侧压系数与轴比接近时，围岩中形成一个较为均匀的应力承载环，巷道稳定性最好。开切眼中，侧压系数 $\lambda = 1.06$，轴比 $D = 2.71$，二者相差悬殊，增加了巷道支护的难度。

根据开切眼内设备安装要求，考虑通风和巷道变形预留量，巷道设计断面为矩形，宽为 7600mm，高为 2800mm，分两次开掘，即先导硐后刷帮，第一次开掘面积为 3800mm×2800mm，第二次开掘面积为 3800mm×2800mm。图 2-9 为 T$_2$193 工作面开切眼导硐设计图。

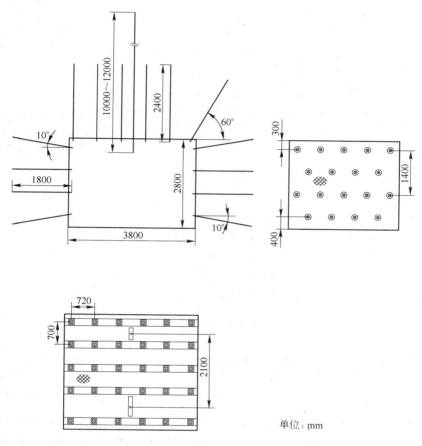

单位：mm

图 2-9 T$_2$193 工作面开切眼导硐设计图

设计巷道顶、帮锚杆、锚索规格与上下平巷相同，钢带采用长度为 3800mm 的 W 型钢带 2 根，规格为 220 - 3 - 3800 × 2 - 6 - 720。顶锚杆间距为 720mm，排距为 700mm。帮锚杆间距为 700mm，排距为 700mm。锚索间隔 3 排锚杆打一颗锚索，其间距为 2100mm。锚索托梁选用 16 号以上槽钢或 25U 支撑钢，长度不小于 400mm。

图 2-10 所示为 T$_2$193 工作面开切眼设计图。

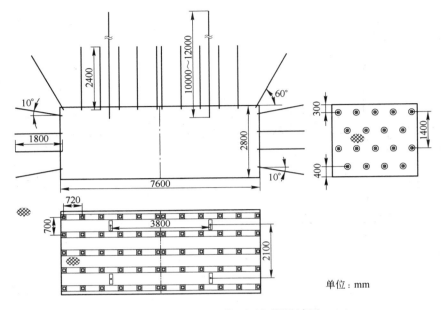

图 2-10   T₂193 工作面开切眼设计图

2.4   煤巷掘进施工组织与工程监测

煤巷施工质量是实现支护设计和回采安全的重要保证。在唐山矿多年的巷道施工中，不断总结了各种施工条件下的宝贵经验，形成了一套完善的质量和安全保证体系，限于研究重点和篇幅，对煤巷施工的相关部分进行探讨。

2.4.1   施工方式

在煤巷掘进中，唐山矿现有生产准备区域主要采用综掘施工，部分地点采用炮掘。综掘时，采用 EBZ-100E、EBZ-150A 型或 MRH-S50-13、MRH-S100 型掘进机截割煤壁并自行装煤；炮掘施工使用MZS-12 型煤电钻打眼，煤矿用乳化炸药和煤矿许用电雷管爆破落煤，拉大铲配合人工装煤。运煤采用 SGW-40 型可弯曲刮板输送机和

DSJ650/22×2型（或 DSJ800/40×2）可伸缩皮带运煤。辅助运输采用 JD-11.4kW 或 JD-25kW 调度绞车牵引簸箕或旱船。锚杆机型号为 MQT-70C。

机掘工艺流程为：开机准备→掘进机割、装、运→运煤、清理浮煤→锚网（拱形架棚）支护→下一循环。掘进机截割采用往复式截割（见图2-11和图2-12），一个截割循环完毕后，进行支护，而后进入下一截割循环。

炮掘采用普通钻爆法施工，工艺流程为：钻眼前准备→检查瓦斯→钻眼→装药连线→撤人放警戒→放炮→检查瓦斯及放炮效果→洒水灭尘、维护顶板→临时支护→打帮顶锚杆或架设拱形支架。

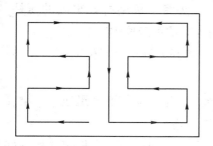

图2-11 唐山矿锚网巷道
机掘截割轨迹图

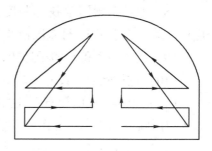

图2-12 唐山矿架棚巷道
机掘截割轨迹图

2.4.2 架棚巷道安全技术措施

架棚巷道安全技术措施主要有：

（1）方向线：以巷道中心为方向线，施工开始时由地质队送测站给方向线，测工及时返线，掘进严格按方向线施工。

（2）架棚支架背板要求插背平直，间隔均匀，正常情况下上顶背板间距不大于200mm，两帮背板间距不大于300mm，遇变化或顶板破碎时插严背实。

（3）支架间打齐5棵规格撑木，位置分别在棚梁中、两侧梁腿搭接处和柱根以上不大于 1000mm 处，撑木规格为 ϕ100mm 以上合格圆木。

（4）水平巷道支架前倾后仰不超过 ±0.5°；倾斜巷道前倾后仰不超过 ±0.5°，不得退山。

（5）临时支护采用双金属前探梁。

（6）拱形支护巷道全部使用金属直拉杆，炮掘迎头 10m、机掘迎头 15m 范围内相邻支架的两帮及上顶安设，当巷道坡度超过 20°时不得回撤。

（7）施工时，要求一架一棚，永久支架至迎头煤壁最大距离不超过设计棚距 200～300mm。

（8）坚持敲帮问顶找掉制度，迎头溜子机尾打好牢固的压柱，压柱上端用不小于 10 号双股铅丝与支架或顶网拴牢。

（9）支护时，停止溜子运转，并将开关打至"零位"。

（10）挖柱窝时，设专人观山。

（11）架设支架时要有专人指挥，工作时动作准确迅速，上梁要四人以上喊齐叫应，非工作人员撤至后路。

（12）掘进中若上顶破碎或易抽冒，要用撞楔或大板超前控制好上顶，必要时可采用留中心煤垛方法施工。

（13）掘进中若发生冒顶，要立即撤人至安全地点，待稳定后，从外向里采取紧卡缆、打中柱（或锁铁道）、加补支架等方法对巷道进行加固，然后打撞楔一架一架挤着往里处。掘进迎头应经常准备不少于一架的大板或撞楔。

（14）支架卡缆扭矩力要在 150N·m 以上。

（15）如遇地质构造，压力大时，应适当缩小棚距。

2.4.3 锚杆巷道安全技术措施

锚杆巷道安全技术措施有：

（1）严格按照设计施工工艺进行顶、帮锚杆和锚索的施工。

（2）顶锚杆施工工艺：机掘出煤—打掉危石—钻顶板中部锚杆孔—清孔—安装树脂药卷和锚杆—用锚杆钻机搅拌树脂药卷至规定时间—停止搅拌并等待 1min 左右—托上 W 钢带—上托盘—拧螺母—装下一根锚杆。

（3）两帮锚杆施工工艺：钻孔、清孔—铺金属网—装树脂药卷和锚杆—搅拌树脂药卷—等待规定药卷反应时间 2min 左右—上托板—拧紧螺母—装下一根锚杆。

（4）锚索按规定排距安装，滞后迎头不得超过 20m，安装工艺为：钻孔、清孔—装树脂药卷和锚索—搅拌树脂药卷—等待 1min 退下钻机—10min 后装托盘和锚具—张拉锚索—切割多余部分—装下一根锚索。

（5）顶、帮锚杆及顶部锚索原则上应紧跟掘进迎头安装，但为避免各工序作业相互干扰，帮锚杆允许视情况适当滞后，滞后时间不得超过 1d。

（6）巷道施工过程中，安排专人按不小于 10% 的比例和不大于 4d 的时间间隔对锚杆锚固力进行抽测，只做非破坏性拉拔，达到设计锚固力即为合格。

（7）掘进施工期间，应考虑掘进工作面后方巷道中每隔 30 ~ 50m 存放 5 架备用棚料，以便及时应付异常情况。

（8）当班发现安全隐患，原则上必须当班处理完毕，如有特殊情况未能处理完时，必须由当班班长在现场与下一班班长交接清楚。有下列情况之一时，必须在发生地点或其附近补打锚杆：1）片帮或超挖使巷道宽度增大超过 400mm；2）锚杆安装失败，托盘未能压住钢带、金属网并贴紧围岩；3）锚固力抽测时不合格；4）孔口处煤岩松动脱落，造成锚杆悬空的；5）帮锚杆拧紧螺母时，达不到规定的预紧力矩（锚固段发生滑动所致）。

（9）禁止在锚杆、钢带上系倒链、滑轮等起吊大件，起吊大件必须有专门措施。

（10）接长式钻杆连接处强度较低，在接头位置进入孔内之前要控制锚杆钻机推进力，以免钻杆折断弹出伤人。

（11）锚索间距偏差 ±100mm，钻孔角度允许偏差5°，安装锚索时搅拌锚固剂要一气呵成，不得重复搅拌，张拉预紧力不小于100kN，尾部外露长度不大于200mm。

（12）张拉锚索时，应使张拉油缸与锚索孔保持同轴，张拉油缸卡住锚索后，人员要撤离，不准在张拉油缸前停留。

（13）掘进过程中遇地质条件恶化，必须立即采取加固措施并向矿领导及有关职能部门报告，以便及时调整支护方式。

（14）巷道掘进过程中，每隔 50～100m 由地质部门安排打探顶钻，随时掌握岩性变化。

（15）施工中，如发现压力大，顶板破碎，地质变化及附近不适合锚杆支护等地点，应及时采取金属拱形支护，如巷道与相邻采面逆向施工时应使用拱形支护。且变更支护形式时，两种支护形式搭接长度大于 5m。

（16）作业规程中需按有关规定制定其他安全技术措施。

2.4.4 锚杆支护质量及监测

2.4.4.1 锚杆锚固力抽测

巷道每隔 50m 对一组锚杆（3 根）锚固力进行抽测，测时顶锚杆为 80kN，帮锚杆为 40 kN，检测 3 根锚杆都应符合要求，若其中有一根不合格，再抽测一组（3 根），仍有不合格的，报有关部门研究，查明原因，采取措施。

2.4.4.2 顶板离层

每班抽样一组（3 根），使用力矩示值扳手对锚杆螺母的预紧力矩进行抽测，顶锚杆达到 100N·m，帮锚杆达到 60N·m 即为合格。

2.4.4.3 锚杆预紧力检测

巷道内每隔 30～50m 安装一组（两套）离层仪（沿板巷道 50～80m），安装位置距离迎头机掘头不能大于 30m，炮掘头不能大于 15m。顶底板离层仪孔应进入坚硬岩层内不小于 1.0m。

每天设专人进行离层指示仪的观测，并负责离层指示仪的维护和保养，发现问题不能处理时，及时向测压组汇报。上井后认真填写观测台账，并由管技人员签字。

管技人员认真检阅台账，发现离层指示仪超过预警值时，及时向调度室及有关职能部门汇报。

2.4.4.4 巷道围岩位移监测

每 50m 设置一个测站，每个测站设两个观测断面，观测巷道顶底板移近和水平变形等情况。

3 回采巷道支护设计优化数值模拟研究

3.1 唐山矿回采巷道支护设计的进一步探讨

唐山矿回采巷道支护设计中，主要依据为 2000 年 10 月该公司与煤炭科学研究总院开展的"大采深特厚煤层高应力区全煤巷道与开切眼锚杆支护技术研究"成果，最初由于不掌握现场支护实践反馈的围岩破坏、位移、应力和锚杆锚索受力情况，选取较大的支护强度，而后在工程反馈数据的基础上进行调整优化，这也符合锚杆支护设计的惯常做法，取得了较好的支护效果。但是，矿井开采区域是一个时空变化量，原有的设计方法能否适应新的采掘工程，在巷道支护设计上是否存在支护过剩或不足，需要在后续工作中进一步开展相关研究，这也是进行巷道支护优化的工作重点。以铁二 9 煤层为例，最初开展的 T_2191 开切眼支护中使用 3 排锚索（长度 7000 ~ 9000mm），帮锚杆数量为 3 排；而接续工作面 T_2192 开切眼支护中使用锚索数量为 2 排（长度 65000mm），帮锚杆为 4 排。由此可见，锚杆支护设计方案要随着邻近区域矿压监测数据反馈和工程特点不断进行调整。

前述设计中，尚存下列问题值得深入研究：

（1）对锚杆长度的计算普遍采用"水平投影深入两帮内 0.5m"以上，试图通过普遍法则确定顶角锚杆长度，顶角锚杆的角度也经验取值为 60° ~ 70°，这种设计方式缺乏两帮破坏深度范围的理论计算和实验验证。

（2）间排距设计值与设计计算值相差较大，设置一定的安全储备是必需的，但是否因设计保守存在较大的支护浪费值得深入研究。

（3）对帮锚杆和锚索的设计仅凭工程经验，缺乏理论说服力。

（4）最新的锚杆—锚索设计理念，强调锚杆、锚索与围岩的协同作用（《煤巷支护技术与机械化掘进》），要求锚索的设计与围岩变形匹配，同时锚索布置强调斜角锚索，将处于受压状态的巷道两肩深部岩体作为锚固点和支护结构的基础，通过高强度的预应力钢绞线传递张应力，直接作用于顶板浅部围岩。这种支护方式可以在顶板未出现离层时强化顶板，减少变形；出现离层时，形成可靠的网兜效应，阻止巷道顶板冒漏，确保巷道的安全使用。

为了对唐山矿锚杆支护设计方法进行更深入的研究，本书通过巷道支护的理论计算和锚杆支护数值模拟计算，对各种不同的支护方式进行了分析研究。

3.2 巷道支护的理论计算

理论计算法是建立在解决顶板支护问题的顶板和岩石力学理论基础，根据围岩稳定性理论分析和锚杆支护机理研究得出的一些理论和经验公式进行参数设计的一种方法。这种方法不再依靠任何一种载荷假定，而是依靠结构与岩体之间的相互作用，对巷道周围的应力和变形进行分析，进而进行支护设计。有代表性的是前苏联库兹巴斯矿区的锚杆设计方法，是应用冒落拱理论分析围岩的松动状态（图3-1），称为普氏理论。此理论认为锚杆支护的作用是防止松动破坏区的围岩跨落。设计所用主要参数靠经验法并结合一定观测手段来实现，用于确定锚杆间排距。

3.2.1 煤帮破碎深度 C

$$C = \left(\frac{K\gamma HB}{1000 f_c K_c} \cos \frac{\alpha}{2} - 1 \right) h \tan(45° - \frac{\phi}{2}) \qquad (3\text{-}1)$$

式中　C——煤帮破碎深度，m；

　　　γ——上覆岩层的平均容重，m；

　　　K——与巷道断面有关的应力集中系数，机掘矩形巷道断面取 2.3；

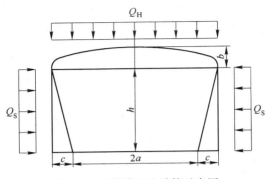

图 3-1 冒落拱理论计算示意图

H——巷道埋深，m；

B——固定支撑压力影响系数，考虑采动影响及超前支护措施取 1.1；

f_c——煤层普氏坚固性系数；

K_c——煤体完整性系数；

α——煤层倾角，（°）；

h——巷道掘进高度，m；

ϕ——煤层内摩擦角，（°）。

分别对 12 煤和 9 煤现有生产区域的回采巷道进行煤帮破碎深度计算，见表 3-1。结果表明，巷道两帮的潜在破坏范围较大，是设计支护的重点，也符合"护顶先护帮"的传统经验。

表 3-1 唐山矿回采巷道煤帮破碎深度

项 目	各 参 数 取 值									
巷道类别	C/m	K	γ/m	H/m	B	f_c	K_c	h/m	α/(°)	ϕ/(°)
12 煤（C_{12}）	2.30	2.71	2.5	720	1.2	1.6	0.94	2.8	16	58
9 煤上下平巷（C_{9P}）	2.65	2.75	2.5	720	1.2	1.6	0.90	3.0	11	58
9 煤开切眼（C_{9K}）	2.53	3.36	2.5	720	1.0	1.6	0.90	2.8	11	58

注：以巷帮的似内摩擦角代替内摩擦角。

3.2.2 巷顶板岩层潜在破坏深度 b

$$b = \frac{10(a+c)\cos\alpha}{K_y \sigma_{cr}} \left(\frac{\lambda + K_y \sigma_{cr}/10}{1 + K_y \sigma_{cr}/10} \right) \qquad (3-2)$$

式中　a——悬臂岩层的半跨距，m；

　　　λ——考虑水平应力的测压系数；

　　　K_y——顶板完整性系数；

　　　σ_{cr}——顶板岩层的单向抗压强度，MPa。

计算结果显示（表3-2），对12煤回采巷道和9煤沿顶开切眼，按其帮、顶破坏深度可以进行锚杆支护设计，而9煤沿底平巷由于其顶部破坏深度较大，工程上可以选择的锚杆长度仅有2.0m、2.2m、2.4m可选，锚索在支护中降低破碎和塑性范围的作用必须强化。T_2191 和 T_2192 支护实践表明，采用长度为2.4m的锚杆辅以锚索加强可以保证平巷工程支护安全，因此对该巷道的优化主要为锚索支护密度和锚索安设角度。

表3-2　唐山矿回采巷道顶板岩层潜在破坏深度

巷 道 类 别	结果/m	断面规格/m		各 参 数 取 值			
	b	$2a$	h	C	α	λ	K_y
12煤（C_{12}）	1.10	4	2.8	2.30	16	1.82	0.6
9煤上下平巷（C_{9P}）	3.46	4.5	3	2.65	11	1.82	0.9
9煤开切眼（C_{9K}）	1.37	7.6	2.8	2.53	11	1.06	0.6

3.2.3 锚杆长度

取两帮破坏深度的2/3进行加固，即支护拱在两帮线性分布力的合力作用点为锚杆有效长度的支护下限，全部破坏范围为上限。顶锚杆的选择除了遵循上述原则外，还要结合巷道的顶板岩层厚度进行综合考虑（表3-3）。

表 3-3   唐山矿回采巷道顶板锚杆长度优化计算表

巷道类别		C	下限	上限	平均	可取
帮锚杆	12 煤（C_{12}）	2.30	1.53	2.30	1.92	2.0/2.2
	9 煤上下平巷（C_{9P}）	2.65	1.77	2.65	2.21	1.8/2.0
	9 煤开切眼（C_{9K}）	2.53	1.69	2.53	2.11	1.8/2.0
顶锚杆	12 煤（C_{12}）	1.10	0.73	1.10	0.92	2.0/2.2
	9 煤上下平巷（C_{9P}）	3.46	2.31	3.46	2.88	2.40 + 锚索
	9 煤开切眼（C_{9K}）	1.37	0.91	1.37	1.14	2.2/2.4

3.2.4   锚杆直径和间排距

锚杆间排距的设计通常根据锚杆可悬吊重量进行计算，但对顶板破碎情况，两排锚杆之间的间距过大，将会使排间锚杆有效地相互挤压，因此顶锚杆优化设计间排距加大应适当。9 煤平巷由于顶煤破碎，破坏深度大，间排距保持不变。

3.2.5   锚索支护

按现有的锚索设计，进一步优化确定为锚索密度和安设角度，根据相关资料，两排锚索时，取夹角为75°对比研究。

3.3   巷道锚杆支护数值模拟分析模型的建立

3.3.1   有限元软件的分析与选取

目前，在我国通用的大型有限元软件主要有 ANSYS、FLAC、3σ等。由于 ANSYS 软件是融结构、热、流体、电磁、声学于一体的大型通用有限元分析软件，可广泛用于核工业、铁道、石油化工、航空航天、机械制造、能源、汽车交通、国防军工、电子、土木工程、造船、生物医学、轻工、地矿、水力、日用家电等一般工业及科学研究，而且，ANSYS 公司致力于设计分析软件的开发，不断吸取新的计算方法和计算技术，领导着世界有限元技术的发展，并为全球工业广泛接受。

ANSYS 程序是一个功能强大、程序灵活的设计分析及优化软件包。该软件可在大多数计算机及操作系统中运行（从 PC 机到工作站直至巨型计算机），ANSYS 软件在其所有的产品系列和工作平台均可兼容。现将 ANSYS 软件的最大特色概括为以下几点：

（1）广泛的计算领域。ANSYS 领域涉及计算领域的主要有：结构学、静力及运动学、热学、流体学、电学、电磁场学、声学等。此外，ANSYS 具有多物理场耦合功能，允许在同一模型上进行各式各样的耦合计算，如：热—结构耦合、磁—结构耦合、电—磁—流体—热耦合等。

（2）不断改进的功能菜单。ANSYS 程序为新老用户提供了一个不断改进的功能清单，具体包括：各学科分析、设计优化、接触分析、自适应网格划分、大应变、有限转动功能以及利用 ANSYS 参数设计语言的扩展宏命令功能。基于 Motif 的菜单系统使用户能够通过对话框、下拉式菜单和子菜单进行数据输入和功能选择。实体建模特性包括基于 NURBS 的几何表示法、几何体素法及布尔运算。ANSYS 设计数据访问模块能够使用户将用 CAD 建立的模型输入到 ANSYS 程序中，而后准确地在该模型上划分网格并求解，避免了重复工作。

（3）友好的用户界面。ANSYS 友好的用户界面及优秀的程序框架易学易用。该程序使用了基于 Motif 标准的易于理解 GUI，通过 GUI 可方便地交互访问程序的各种功能、命令、用户手册和参考资料，并可一步一步地完成整个分析，因而使 ANSYS 易于使用。同时，该程序提供了完整的在线说明和状态途径的超文本帮助，以协助有经验的用户进行高级应用。ANSYS 开发了一套直观的菜单系统，为用户使用程序提供导航，用户输入可通过鼠标或键盘完成，也可二者一起使用。在用户界面中，ANSYS 程序提供了四种通用方法输入命令：

菜单、对话框、工具栏和直接输入命令。

(4) 迅速有效的图形显示。完全交互式图形是 ANSYS 程序中不可分割的组成部分，图形对于校验前处理数据和在后处理中检查求解结果都是非常重要的。ANSYS 的 PowerGraphics 能够迅速地完成 AN-SYS 几何图形及计算结果的显示，如此快速是由于其几何图形是以对象而不是以需要重新组合的数据来贮存的。PowerGraphics 的显示特性保证了单元和等值线的显示，并且既可用于 p 单元也可用于 h 单元。它加速了等值面显示、断面/覆盖/Q - 切片显示以及在 Q - 切片中的拓扑显示。

(5) 功能强大的处理器。ANSYS 按功能作用可分为若干个处理器：包括一个前处理器、一个求解器、两个后处理器、几个辅助处理器如设计优化器等。ANSYS 前处理器用于生成有限元模型，制定随后求解中所需的选择项；ANSYS 求解器用于施加载荷及边界条件，然后完成求解预算；ANSYS 后处理器用于获取并检查求解结果，以对模型作出评价，进而进行其他感兴趣的计算。

(6) 集中式数据库。ANSYS 程序使用统一的集中式数据库来存储所有模型数据及求解结果。建模数据（包括实体模型和有限元模型、材料等）通过前处理器写入数据库；载荷和求解结果通过求解器写入数据库；后处理结果通过后处理器写入数据库中，如需要，即可为其他处理器所用。例如，通用后处理器不仅能读求解数据，而且能读模型数据，然后利用它们进行后处理计算。ANSYS 文件可用于将数据从程序的某一部分传输到另一部分、存贮数据库以及存贮程序输出。这些文件包括数据库文件、计算结果文件、图形文件等。

ANSYS 分析问题包括以下 3 个主要步骤：

(1) 创建有限元模型：

1) 创建或读入几何模型；

2) 定义材料属性；

3) 划分网格（节点及单元）。

（2）施加载荷并求解：

1）施加载荷及载荷选项、设定约束条件；

2）求解。

（3）查看结果：

1）查看分析结果；

2）检验结果（分析是否正确）。

3.3.2 巷道锚杆支护数值计算模型的建立

尽管 ANSYS 功能强大，可模拟的内容丰富，但它只是为不同专业的使用者提供了一个公用平台，涉及具体的专业问题还需要进行二次开发。我们结合 ANSYS 的功能和特点，利用二次开发技术，独立编制了两个程序模块，第一个模块主要用于生成采面的三维有限元模型。该模型的主要输入参数包括各煤岩层的几何数据和物理力学参数、采面和巷道的几何尺寸、采空区的范围、地应力的大小和方向等。在程序编制时充分考虑了模块的通用性，只需调整输入参数即可以生成不同的有限元模型，可分别模拟一侧临空、双侧临空等各种情形。利用此模块就可以非常方便地模拟地应力场，研究最大水平地应力的不同方向对巷道稳定性的影响。该模块的另一个主要功能是作为模拟锚杆支护的大模型，为子模型提供切割边界插值条件，如图3-2所示。

大模型边界条件的确定，连续介质力学模型的边界条件包括三种类型：第一种是应力边界，即给定物体表面上的面力和集中力。第二种是位移边界条件，即边界上各点的位移分量是已知的，它既可为定值，亦可为零或在某些方向上为零。当位移边界上某些方向的位移量为零时，就是通常所称的约束。第三种是混合边界条件，即在边界某些方向上已知位移，而在另外一些方向上为已知边界力。在地下工程结构稳定性问题的分析中，边界力的大小和方向常具有未知性，需要采用一定的假设条件或通过反演分析才能确定。位移边界条件，特别

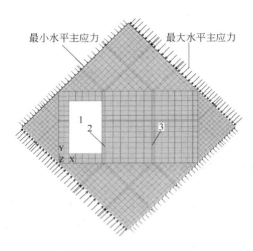

图 3-2 三维大模型

1—采空区；2—沿空巷；3—实体巷

是零位移边界条件（约束边界）是计算模型中不可缺少的，没有约束的计算模型在不平衡力的作用下将产生平动或转动。混合边界条件则主要是为了减少边界效应而被采用的。

当模型边界条件和实际情况不同时，就会因为计算模型边界条件的误差而导致计算结果的误差，这种计算结果误差称为边界效应。在数值计算中，边界效应通常难以避免，所应考虑的是应如何使边界效应控制在允许的误差范围内。为了尽量减少边界效应对计算精度的影响。首先应使边界条件尽量与实际情况相符，其次应使计算模型有足够大的区域，并使分析的重点区域处于距边界有一定距离的模型中央部位。当仅考虑自重应力场且模型所取范围较大时，计算模型的边界条件可根据地貌条件直接确定。如河谷两岸近似对称时，首两侧斜坡应力场的共同影响，河床纵剖面将不会发生沿法线方向的位移。因而可取河床纵剖面为法向约束的光滑面约束形式。当山脊两侧斜坡近似对称时，可以认为山脊面不发生沿法线方向的位移，亦可取为光滑的约束形式。在构造应力场中，边界力的作用方式需根据采取的应力实测结果确定，或根据地震震源机制、构造形迹、错动方式和地下工程结构的破坏迹象等，通过反演分析来确定。

第二个模块用于模拟锚杆支护方案，主要输入数据为锚杆支护参数、巷道开挖的尺寸以及各煤岩层的几何尺寸和物理力学参数。利用该模块可以生成巷道的三维有限元模型，可以对沿空巷和实体巷进行锚杆支护数值模拟分析，分析锚杆度、锚杆预应力、锚杆排距、锚杆支护结构对巷道稳定性的影响，分析合理的锚杆支护结构和支护参数。回采巷道三维子模型如图 3-3 所示。

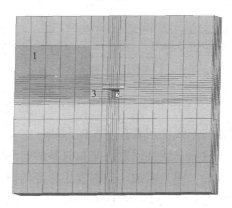

图 3-3　三维子模型

1—采空区；2—沿空巷；3—窄焊柱

将这两个模块利用子模型技术连接起来可以建立煤巷锚杆支护的计算机辅助设计系统（ANSYSBOLT）。利用该设计系统可以完成所需要的各种采准巷道锚杆支护数值模拟计算，进行锚杆支护初步设计。整个程序的结构如图 3-4 所示。

3.3.3　非线性有限元分析

3.3.3.1　非线性问题有限元求解的基本原理

非线性问题可分为三类：材料非线性问题、几何非线性问题，以

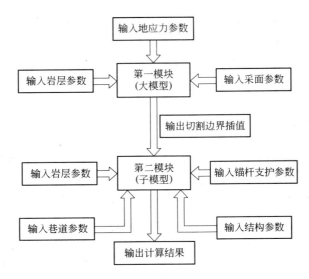

图 3-4   程序结构示意图

及材料非线性和几何非线性两者都涉及的问题。

第一类问题，材料非线性问题。是指材料的物理定律，即应力－应变关系是非线性的，但只考虑小位移和小应变的情况，也就是指结构整个几何形状的变化及结构材料内部的应变与结构尺寸相比是无限小的。这样，可以忽略微元体的局部应变。例如计算应力时可以采用原来的、未变形的微元体面积。至于应力－位移关系则采用线性的应力－位移关系式，各种小应变、小位移问题的结构弹塑性分析及岩土工程问题一般都属于这一类。

第二类问题，几何非线性问题。虽然假设线性的应力－应变关系，但非线性的应变－位移关系和几何形状的有限变化却引起几何非线性问题。大多数的几何非线性问题是小（或无限小）应变和大（有限大）位移，但也包括大应变和大位移的情况。

第三类问题，同时包括材料非线性和几何非线性问题。它是前两种类型的组合，既要涉及非线性的本构关系，又要涉及大变形与有限位移，因此，这是最一般的非线性问题。

巷道埋藏于岩土地层之内，并与岩土介质材料相互作用。岩土材料一个重要特征是其应力–应变关系具有明显的非线性性质。对于采准巷道及其周围的岩土介质，一般可按材料非线性问题进行分析。

材料非线性问题又可分为两种情况：一种是非线性弹性问题，如果岩土介质采用莫尔–库仑强度理论就是这类问题；另一种是非线性弹塑性问题，材料超过屈服极限以后就呈现出非线性性质。各种结构及岩土介质若采用弹塑性的本构模型进行分析就是这类问题。在加载过程中，这两类非线性问题在本质上是相同的，非线性弹性问题是可逆的过程，卸载后结构或介质会恢复到加载前的位置；非线性弹性问题是不可逆的，它将会出现永久变形。

用有限元法解决非线性问题的基本思想，是用一系列线性问题的解来逐步逼近非线性问题的解。因而非线性问题的解可以理解为是一系列线性解进行迭代过程的结果。

3.3.3.2 材料非线性问题有限元求解步骤

材料非线性有限单元法的分析过程，概括起来可以分成以下几个步骤：

（1）结构的离散化主要任务是选择单元的形状和分割方案，确定单元和节点的数目；

（2）选择位移模式也就是确定位移插值函数。根据所选定的位移模式，就可以导出用节点位移表示单元内任一点位移的关系式，其矩阵形式是

$$\{f\} = [N]\{\delta\}^e \tag{3-3}$$

式中 $\{f\}$ ——单元内任一点的位移列阵；

$\{\delta\}^e$ ——单元的节点位移列阵；

$[N]$ ——形函数矩阵，它的元素是位置坐标的函数。

（3）分析单元的力学特性。位移模式选定以后，就可以进行单元的力学特性的分析，包括下面三个部分内容：

1）建立用节点位移表示的单元应变表达式。利用几何方程，由位移表达式（3-3）导出用节点位移表达单元应变的关系式

$$\{\varepsilon\} = [B]\{\delta\}^e \qquad (3-4)$$

式中 $\{\varepsilon\}$——单元内任一点的应变列阵；

$[B]$——单元应变矩阵。

2）建立用节点位移表示的单元应力表达式。对于非线性材料问题，材料的物理关系不再符合虎克定律，而应表示为较为复杂的非线性物理关系，即非线性材料的物理方程为

$$f(\{\sigma\},\{\varepsilon\}) = 0 \qquad (3-5)$$

因为上式中，物性矩阵 $[D]$ 不再是材料性质的常数矩阵，而是与应变 $\{\varepsilon\}$ 有关的值。故单元应力表达式为

$$\{\sigma\} = [D(\{\varepsilon\})]\{\varepsilon\} \qquad (3-6)$$

式中 $\{\sigma\}$——单元内任一点的应力列阵；

$[D]$——与单元非线性材料有关的弹性矩阵。

3）建立单元上等效节点力与节点位移之间的关系式。对于材料非线性问题，由于是小变形，应力形式的单元平衡条件仍然是线性的，但以节点位移 $\{\delta\}$ 表示的单元平衡条件则不再是线性的了。这是因为，此处 $\{\sigma\}$ 和 $\{\varepsilon\}$ 之间是非线性的，从而 $\{\sigma\}$ 和 $\{\delta\}^e$ 之间也是有非线性关系相联系着的。于是，对所有单元的平衡条件求和（总体分析），把所有单元的平衡条件相加，并考虑各节点的平衡，得整个系统的平衡条件

$$\sum_e \iiint_e [C]^{eT}[B]^T\{\sigma\}\mathrm{d}x\mathrm{d}y\mathrm{d}z = \{R\} \qquad (3-7)$$

式中，$\{R\}$ 为总荷载向量；$[C]$ 为选择矩阵，通过该矩阵可把表示各单元特征的量和表示整个系统特征的量联系起来。由于 $\{\sigma\}$ 和 $\{\varepsilon\}$ 具有非线性关系，式（3-7）中 $\{\sigma\}$ 可表示为 $\{\delta\}$ 的非线性函数，即

$$\{\sigma\} = f([B][C]^e\{\delta\})$$

其中，$[B]$ 是只依赖于坐标的几何矩阵。

因而，式（3-5）将是关于$\{\delta\}$的非线性方程组，它可一般地写为

$$[\mathrm{Ke}(\{\delta\})]\{\delta\} = \{R\} \tag{3-8a}$$

或即

$$\{\{\varphi\{\delta\}\}\} = \{R\} \tag{3-8b}$$

如果$\{\sigma\}$和$\{\varepsilon\}$的依赖关系已确定，从而对$\{\delta\}$的依赖关系也能被确定，问题即变成求解一个非线性方程组。

求解非线性问题的方法可分为三类，即增量法、迭代法和混合法。增量法是将荷载划分为许多增量，每次施加一个荷载增量。在一个荷载增量中，假定刚度矩阵是常数；在不同的荷载增量中，刚度矩阵可有不同的数值，并与应力关系相对应。迭代法在每次迭代过程中都施加全部荷载，但逐步修改位移和应变，使之满足非线性应力应变关系。混合法同时采用增量法和迭代法，即荷载也划分为荷载增量，但增量的个数较少；而对每一个荷载增量，进行迭代计算。解出$\{\delta\}$之后，再按线性问题同样的方式求$\{\varepsilon\}$和$\{\sigma\}$。

以上就是利用有限元法求解非线性问题的基本步骤。对于一个数值方法，我们总是希望随着网格的逐步细分，得到的解答收敛于问题的精确解。一般来讲，在单元形状确定以后，位移模式的选择是关键。载荷的移置，应力矩阵和刚度矩阵的建立等，都依赖于位移模式。

3.3.3.3 多项式位移模式阶次的选择

选择多项式位移模式必须考虑到解的收敛性，即完备性和协调性的要求。需要考虑到的另外一个因素是位移模式应与局部坐标系的方位无关，即所谓几何各向同性。对于线性位移模式，各向同性的要求通常就等价于必须包括常应变状态。对于高次位移模式，位移模式不应随局部坐标的更换而改变。实现几何各向同性的一种方法，是根据巴斯卡三角形来选择完全二维多项式的各项。

多项式模式要考虑的最后一个因素就是多项式中的项数必须等于或大于单元节点的自由度数,通常取与该自由度数相等。已经证明,对于一个给定的位移模式,其刚度系数的数值比精确的要大。这样一来,在给定的载荷之下,计算模型的变形比实际结构的要小。因此,当单元网格分割得越来越细时,位移的近似解将由下方收敛于精确解,即得到真实解的下界。为了保证解答的收敛性,要求位移模式必须满足三个条件:

(1)位移模式必须包含单元的刚体位移。即当节点位移是由某个刚体位移所引起时,弹性体内不会有应变。位移模式不但要具有描述单元本身形变的能力,而且还要具有描述由于其他单元形变而通过节点位移引起单元刚体位移的能力。所谓刚体位移就是与坐标无关的位移,如线性位移模式中的常数项就是反应刚体位移的。

(2)位移模式必须能包含单元的常应变,每个单元的应变一般总是包含着两个部分:一部分是与坐标有关的各点应变,另一部分是与坐标无关的常应变。当单元尺寸无限缩小时,每个单元中的应变应趋于常量。如果位移模式中不包含这些常应变,就不可能收敛于正确解。在线性位移模式中,各一次项就是反应单元常应变的。

(3)位移模式在单元内要连续,并使相邻单元的位移协调,当单元交界面上的位移取决于该交界面上节点的位移时,可以保证位移的协调性。而选择多项位移模式,单元内的连续性要求总是满足的。满足前两项要求的单元称为完备单元,满足第二项要求的单元称为协调单元。非协调单元的缺点是不能事先肯定其刚度与真实刚度的大小关系。

3.3.3.4　ANSYS对非线性问题的处理

非线性问题需要一系列带校正的线性近似来求解。一种近似的非线性求解是将载荷分成一系列的载荷增量,可以在几个载荷步内或者一个载荷步的几个子步内施加载荷增量。但纯粹的载荷增量将产生累积误差，如图 3-5a 所示。ANSYS 程序通过牛顿－拉普森（NR）平衡迭代迫使在每一个载荷增量的末端解达到平衡收敛。图 3-5b 描述了单自由度非线性分析中牛顿－拉普森迭代的作用。

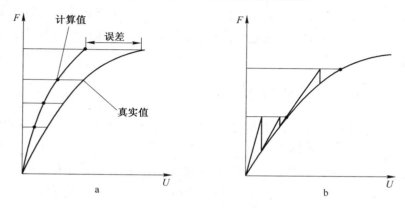

图 3-5 纯粹增量近似与牛顿－拉普森近似的关系

a—纯粹增量式解；b—全牛顿－拉普森迭代求解

ANSYS 程序提供了一系列命令来增强问题的收敛性，如自适应下降、线性搜索、自动载荷步及二分法等。

ANSYS 将非线性求解分为三个操作级别：载荷步、子步、平衡迭代。"顶层"级别由在一定"时间"范围内明确定义的载荷步组成，并假定载荷步内是线性变化的；在每一个载荷步内，为了逐步加载可以控制程序来执行多次求解（子步或时间步）；在每一个子步内，程序将进行一系列的平衡迭代以获得收敛的解。图 3-5 说明了一段用于非线性分析的典型的载荷历程。显而易见，子步越多，运行时间越长。ANSYS 提供两种方法来控制子步数：

（1）子步数或时间步长。即可以通过指定实际的子步数，也可以通过指定时间步长控制子步数。

（2）自动时间步长。如果结构的行为从线性变化到非线性，或想要在系统响应的非线性部分变化时间步长，可以激活自动时间步长，获得精度和代价之间的良好平衡。如果不能确定求解是否会收敛，可以使用自动时间分步来激活 ANSYS 程序的二分法。

二分法提供了一种对收敛失败自动矫正的方法。只要平衡迭代收敛失败，二分法将把时间步长分为两半，然后从最后收敛的子步重新启动。如果以二分的时间步再次收敛失败，二分法将再次分割时间步长，然后重新启动。持续这一过程直到获得收敛或达到指定的最小时间步长。

3.3.4 计算模型所用的单元类型

影响数值模拟计算精度的另一个因素是单元类型的选择。ANSYS 软件提供了大量不同类型的单元，如杆单元、梁单元、管单元、二维实体单元、三维实体单元、壳单元接触单元、耦合场单元和一些专用单元等。三维实体单元又包括各向异性单元、超弹性单元和黏弹性单元等。为了真实地模拟煤岩体的各向异性性质及节理裂隙，我们选择各向异性的三维实体单元 SOLID64 和 SOLID122 来模拟煤岩的垂直正交各向异性；选择接触单元 CONTAC52 来模拟煤岩体的节理裂隙；用杆单元 LINK8 模拟锚杆。

三维实体单元 SOLID64 有 8 个节点，SOLID122 有 20 个节点，在大模型中为了减少节点数，使用 SOLID64。在子模型中有时为了提高计算的精度，采用 SOLID122。它们可描述各向异性材料、横观各向同性材料。要求输入的参数有：各个主方向的弹性模量（E_x、E_y、E_z）、泊松比（$NUXY$、$NUYZ$、$NUXZ$）、剪切模量（G_{xy}、G_{yz}、G_{xz}）、材料的密度（$DENS$）。

接触单元 CONTAC52 表示闭合或张开的介质内的弱面，它可以相互滑动，能够承受垂直于弱面方向的正压力，和沿弱面方向的剪应力。要求输入的参数有：裂隙宽度（GAP）、裂隙初始状态（$START$）、裂隙法向刚度（KN）、裂隙剪切刚度（KS）、裂隙的摩擦系数（MU）。$START = 1$ 表示裂隙是闭合的，且不滑动；$START = 2$ 表示裂隙是闭合的，但已发生滑动；$START = 3$ 表示裂隙是张开的，可以定义初始裂隙宽度。

裂隙法向刚度 KN 应该是足够大的以便不会引起过大的穿透，但又不应该大到导致病态条件。一般应该按公式

$$KN = fEh \tag{3-9}$$

来估计 KN 的值。式中 f 为控制协调性因子，这个因子通常在 0.01 和 100 之间，开始时通常取 $f = 1$；E 为材料的弹性模量，如果弱面两侧材料不同，考虑使用弹性模量较小者；h 为特征接触长度，一般为典型的单元尺寸。另外，裂隙的刚度也可按最大的力除以该方向上的最大位移来估算。

LINK8 是三维杆单元，它可以模拟构架、钢索、链条弹簧等。三维杆单元在每个节点上有三个自由度，它承受单向拉伸和压缩。要求的输入参数有：材料的弹性模量（E_x）、材料的密度（DENS）、横截面面积（AREA）、初始应变（ISTRN）等。

3.4 回采巷道锚杆支护结构数值模拟分析

回采工作面上、下两端的区段巷道，在一定地质和支护条件下，巷道的稳定性主要取决于回采引起的支撑压力的影响。按巷道是否经受采动影响及支护方式，将区段巷道分为位于未经采动影响的煤体内的"煤体－煤体"巷道，巷道一侧为煤体，另一侧为采空区，按护巷方式分为"煤体－煤柱"巷道；"煤体－无煤柱"巷道。我们将"煤体－无煤柱"巷道称为回采巷道，将"煤体－煤体"巷道称为实体巷道。

无煤柱护巷是合理开采煤炭资源，有利于提高煤炭回收率，改善巷道维护状况，提高矿井技术经济效果的一项先进的开采工艺，根据国内外的经验和取得的良好效果。为了更好地发展我国的煤炭事业，我国已正式将无煤柱护巷作为改善煤炭地下开采工艺的一项技术政策。无煤柱护巷遇到的主要技术问题之一，就是巷道支护。在常用的无煤柱护巷方法中，有沿空掘巷和沿空留巷，我们主要研究沿空掘巷

锚杆支护的合理结构。

利用锚杆支护计算机辅助设计系统（ANSYSBOLT）分析如下两种不同水平地应力、开采深度分别为 300m 和 500m 条件下回采巷道锚杆支护合理结构，第一种地应力条件，两水平地应力均为 13.0MPa，第二种地应力条件，最大水平地应力为 26.0MPa，另一水平地应力为 13.0MPa。

3.4.1　锚杆支护巷道围岩稳定性判别准则

国内外学者根据开巷后围岩应力变化过程对围岩体的破坏作过大量的试验研究，结果表明围岩的破坏为脆性破坏。在常规三轴试验中，当 $\sigma_1 > \sigma_2 = \sigma_3$ 时，岩石的破坏可能是脆性的，也可能是延性的，而当 $\sigma_1 = \sigma_2 > \sigma_3$ 时岩石的破坏必定是脆性的。在低测压真三轴试验条件下，岩石的破坏可分为三类：剪切、拉剪、拉裂。即当 σ_2/σ_3 较小时为剪切破坏；σ_2/σ_3 逐渐增大，岩石的破坏逐渐变成张剪性破坏，然后又变化为张性破坏。就试验结果来看，可预计当 $\sigma_2/\sigma_3 > 8$ 时，岩石将发生张剪性破坏。

巷道开挖后，应力发生变化。巷道边缘的径向应力在无支护时下降为零，使 σ_2/σ_3 趋于无穷大，所以巷道壁的破坏主要是张性破坏。在离巷道稍远处，σ_2/σ_3 逐渐减小，围岩的承载能力逐渐提高，其破坏形式变为剪切破坏。

相似材料模拟试验的结果证明，巷道围岩锚固体的破坏主要是脆性破坏，其破坏形式为锚固体自由面张裂破坏和锚固体内部的剪切破坏。主要的破坏形式为：

（1）巷道顶板受节理裂隙的影响，顶板锚杆之间发生局部冒落，继而扩大，如不及时控制，就有可能形成冒落拱。

（2）巷道顶板为离层性的复合顶板或镶嵌型结构，当锚杆部分失效或冒落高度超过锚杆长度时，顶板可能较大范围地呈层状整体冒落。

（3）两帮煤体较松软，肩窝和两帮产生较大的破坏，主要表现为巷道片帮。这时更加剧了前两种破坏形式。

目前判断巷道稳定性主要有两类方法：强度准则法和变形准则法。

第一类强度准则法：强度准则是将巷道周边的最大切向应力值达到极限应力值作为丧失稳定性的条件。这一方法适用于脆性围岩，判别式为：

$$\sigma_\theta \leqslant \sigma_c \tag{3-10}$$

式中　σ_θ——巷道周边最大切向应力值；

　　　σ_c——围岩岩体的极限应力值。

在评价巷道稳定性时，可重点考察顶底板中点的切向应力及巷道角部的切向应力。

第二类变形准则法：对于弹塑性围岩，可运用变形准则来判断其稳定性。其实质是用巷道围岩的实际变形与极限变形值相比较，来判断围岩是否失稳。其判别式为：

$$\varepsilon < \varepsilon_0 \tag{3-11}$$

式中　ε——根据现场围岩位移求得的实际应变量，$\varepsilon = \dfrac{du}{dr}$；

　　　ε_0——巷道围岩极限应变值，根据现场巷道稳性监测确定。

变形准则法在实际使用中通常采用巷道围岩的实际位移值小于巷道围岩的极限位移值。其判别式为：

$$u < u_0 \tag{3-12}$$

通过多年现场监测和数值模拟分析我们发现，对于脆性层状的岩体，锚杆支护巷道的稳定性主要取决于巷道顶板围岩是否出现离层。当巷道顶板围岩中出现大面积离层，则顶板将出现较大范围的层状整体冒落。用巷道顶板围岩是否出现离层来判断巷道稳定性的方法实质是属于变形准则法。

在今后的数值模拟分析和现场围岩稳定性监测中，我们将采用以下三种方法来判断和分析锚杆支护巷道围岩的稳定性，即强度法、位移法、离层法。

在本书中，主要侧重利用离层法来判断和分析巷道围岩的稳定性，从而确定合理的巷道锚杆支护参数。

利用大型有限元数值模拟软件 ANSYS 编制的锚杆支护计算机辅助设计系统（ANSYSBOLT）程序分析两种地应力条件下回采巷道锚杆支护合理结构，其确定锚杆长度和锚杆预紧力的设计流程图见图 3-6 所示。

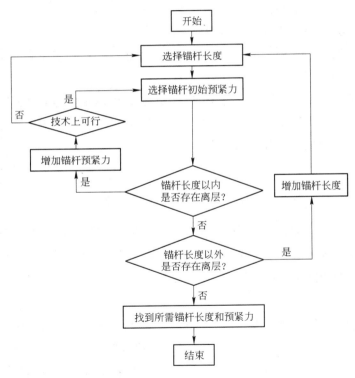

图 3-6 锚杆预紧力和锚杆长度的设计流程图

3.4.2 水平应力场条件下巷道锚杆支护地质模型参数

假设某矿地应力为水平应力场，该矿 2092 工作面走向与最大水平地应力垂直，工作面宽 150m，煤层厚 8.0m，工作面左侧是采空区，右侧为实体煤，2092 工作面左端上风巷为回采巷道，右端下运巷为实体巷道，巷道断面尺寸宽×高为 4m×3m，上覆岩层容重为 25kN/m³。煤层和顶、底板岩石具有明显的层理性，可看作横观各向同性材料，直接底岩层中含有 3 层弱面，直接顶岩层中含有 6 层弱面，弱面的法向刚度为 1.5GPa，弱面的切向刚度为 1.5GPa。

考虑二种原岩水平地应力，第一种地应力条件：两水平地应力均为 13.0MPa。第二种地应力：最大水平地应力为 26.0MPa，另一水平地应力为 13.0MPa。每种水平地应力条件又考虑 300m 和 500m 两种不同的埋藏深度。

我们以 2092 工作面围岩物理力学性质为例见表 3-4，研究回采巷道不同埋藏深度、不同锚杆支护结构、不同预紧力条件下回采巷道的稳定性。

表 3-4 2092 工作面煤岩层物理力学性质

岩 层 名 称	直接底板	老底板	煤	直接顶板	老顶板
水平弹性模量/MPa	6500	7000	900	6500	7000
垂直弹性模量/MPa	3500	4000	600	3500	4000
水平泊松比	0.23	0.22	0.25	0.23	0.22
垂直泊松比	0.25	0.24	0.26	0.25	0.24
水平剪切模量/MPa	2642	2869	360	2642	2869
垂直剪切模量/MPa	1751	1989	277	1751	1989

3.4.3 第二种应力条件下 300m 埋深时回采巷道围岩应力分布规律

第一种支护情况：2092 工作面回采巷道断面尺寸宽×高为 4m×3m，回采巷道顶板安装 5 根锚杆，不加帮锚杆和底锚杆，顶锚杆长度分别为 0.6m，0.9m，1.2m，1.5m，锚杆直径为 20mm，锚杆弹性

模量为 2.07×10^{11} Pa，锚杆排间距为 0.8m。初始预紧力为 4t。

为了提高巷道锚杆支护数值模拟分析的精度，更真实地模拟巷道的开挖过程，我们使用了子模型技术。子模型方法又称为切割边界位移法或特定边界位移法。切割边界就是子模型从大模型中对要求精度较高的部分分离边界。大模型中切割边界的计算位移值作为子模型的边界条件。除了提高计算精度、缩小非线性分析的范围以外，使用子模型技术可模拟巷道真实的开挖过程。

因为矿山工程是在预应力岩体中进行的，在开挖之前岩体就已经受力。矿山开挖过程不是对岩体施加载荷的过程，而是开挖岩体表面突然卸载的过程，原先三向应力至少有一个方向应力变为零，这部分应力向周围岩体内部转移，同时伴随围岩变形和位移。在数值模拟中，我们使用大模型来模拟预应力岩体，大模型中不开挖巷道，将巷道的开挖放在子模型中考虑，这样就符合先加载后开挖的实际情况。

回采巷道开挖以后，再次破坏了原岩应力状态的平衡，在次生应力场的作用下，顶板发生弯曲变形，产生水平方向拉应力 S_x，最大拉应力集中出现在靠近采空区一侧的顶板中；最大压应力为垂直方向，出现在靠采空区一侧的巷道顶板左上角。

巷道埋藏深度 300m，安装顶锚杆，锚杆初始预紧力为 4t，锚杆长度为 0.6m 时。巷道顶板应力分布如图 3-7 所示。

顶板中最大水平拉应力为 2.34476MPa，最大垂直压应力为 -17.4648MPa。巷道底板应力分布如图 3-8 所示。巷道底板靠近实体煤侧角部出现水平方向的压应力 S_x 其数值为 -28.1478MPa，底板靠近采空区侧煤体由于采空区的影响，承载能力较低。底板中部的水平压应力 S_x 值为 -6.52796MPa。巷道左帮的应力分布如图 3-9 所示。300m 埋深的条件下巷道两帮应力集中程度较小，且都处于压应力状态，这表明巷道两帮的稳定性较好。由巷道顶底板应力分布图可知，巷道顶板中部靠近采空区一侧出现最大水平拉应力，巷道底板靠近实体煤一侧的角部产生最大水平方向的压应力。虽然顶板拉应力值较

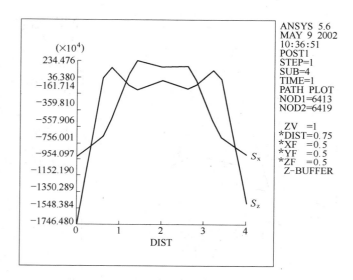

图 3-7　安装顶锚杆时巷道顶板应力分布图（4t、300m、0.6m）

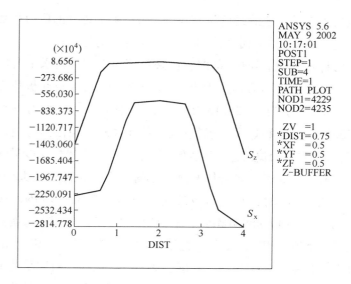

图 3-8　安装顶锚杆时巷道底板应力分布图（4t、300m、0.6m）

小，但由于煤岩体的抗拉强度远小于抗压强度，所以，巷道顶板中部

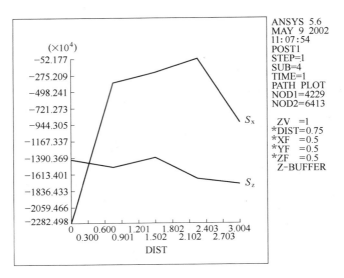

图 3-9　安装顶锚杆时巷道左帮应力分布图（4t、300m、0.6m）

和底板右脚部是巷道的最危险的部位。最危险部位处的应力都是水平
方向，这表明巷道的稳定性是受最大水平地应力控制的。

　　当锚杆长度增加到 0.9m 时，回采巷道顶板中最大水平拉应力为
2.35226MPa，最大垂直压应力为 -17.46434MPa。巷道底板角部水平
方向 的 压 应 力 为 - 28.15MPa，底 板 中 部 的 水 平 压 应 力 为
-6.53361MPa。同样表明，巷道顶板中部和底板右角部是巷道的最危
险的部位。最危险部位处的应力都是水平方向。当锚杆长度进一步加
长到 1.2m、1.5m 时，回采巷道顶底板的应力变化没有太大的变化，
锚杆长度为 1.2m 时，巷道顶板最大拉应力为 2.32749MPa，最大垂
直压应力 S_z 为 -17.48904MPa，锚杆长度为 1.5m 时，巷道顶板最大
拉应力为 2.56074MPa，最大垂直压应力为 -17.50556MPa。由此得
出，在此种回采巷道中当锚杆长度变化不是很大时，对回采巷道顶底
板的应力影响不是很大，巷道顶板中部和底板右角部仍旧是巷道的最
危险部位。

　　通过子模型计算出巷道顶板下沉值，减去由大模型计算出的巷道

顶板位置原始下沉值，可求得由于开挖回采巷道引起的巷道顶板实际下沉值。同理，也可求得巷道底板的实际下沉值。将巷道顶板下沉值减去巷道底板下沉值可求得巷道顶底板移近量，如图3-10所示。同样的方法也可求得如图3-11所示的巷道两帮的移近量。计算表明，由于回采巷道的开挖，引起的顶板中点垂直下沉量为 -0.08347m，底板在地应力作用下产生底鼓，引起了底板中部上移0.026504m，将顶底板位移相减，可求得回采巷道顶底板最大移近量为0.109974m。由图3-11可知，回采巷道左帮中点向右移动0.00822m，右帮中点向左移动 -0.02005m，两帮移近量为 -0.02827m。回采巷道左帮向右移动较少，而右帮向左的移动量较大，这是因为在垂直于巷道走向方

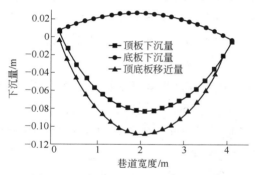

图3-10　安装顶锚杆时巷道顶底板移近量（4t、300m、0.6m）

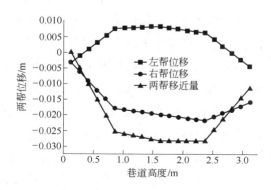

图3-11　安装顶锚杆时巷道两帮移近量（4t、300m、0.6m）

向的最大水平地应力作用下，回采巷道开挖前，巷道围岩整体向采空区移动，即向左移动，回采巷道开挖后，在围岩应力作用下，巷道左帮向巷道中心（向右）移动，而右帮向左移动，并且在巷道高度的2.25m处，巷道两帮移近量最大。移近量为负值表示回采巷道整体向采空区方向移动。

当顶锚杆长度不断增加时，回采巷道顶底板以及两帮的位移量变化不大，顶锚杆长度为0.9m时，顶底板最大移近量为0.109705m，两帮最大移近量为0.02831m，当顶锚杆长度为1.2m时，巷道顶底板最大移近量为0.108824m，两帮最大移近量为0.02833m，当顶锚杆长度为1.5m时，巷道顶底板最大移近量为0.108782m，两帮最大移近量为0.02836m。由以上数据可以看出，锚杆长度的改变对回采巷道顶底板及两帮的位移变化不会产生太大的影响。

第二种支护情况：在回采巷道顶板安装5根锚杆，两帮各安装3根锚杆，锚杆排间距0.8m，顶锚杆长度分别为0.6m、0.9m、1.2m、1.5m，帮锚杆长度为1.8m，直径为20mm，锚杆弹性模量2.07×10^{11} Pa，初始预紧力为4t。

在第二种支护结构条件下，回采巷道顶底板移近量如表3-5所示。由表3-5可知，巷道顶板位移为负值，表明回采巷道在开挖后，在上覆岩层重力和水平构造应力作用下，巷道顶板下沉。而巷道底板位移为正值，说明巷道底板在围岩应力作用下产生底鼓。巷道中点顶底板移近量为0.109938m。巷道两帮移近量如表3-6所示，表中左帮位移值为正，数值较小。而右帮位移值为负，数值较大。这是由于在统一坐标系下，巷道左侧工作面开采以后，形成空区，使空区周围岩体的弹性能得到释放，周围岩体向采空区方向移动，产生负的位移。回采巷道形成以后，左帮向右产生正的位移，而右帮仍然产生负的位移。左侧工作面的开采和沿空巷的形成两次的位移叠加，使得右帮位移值大于左帮。

表 3-5 300m 埋深（顶锚杆长度为 0.6m）时回采巷道
安装顶帮锚杆时顶底板移近量表

序 号	巷道宽度/m	顶板位移/m	底板位移/m	顶底板移近量/m
1	0	0.00453	7.41E−03	−2.88E−03
2	0.2	−0.01293	1.08E−02	−2.38E−02
3	0.4	−0.03038	1.42E−02	−4.46E−02
4	0.6	−0.04784	1.77E−02	−6.55E−02
5	0.8	−0.05799	2.01E−02	−7.81E−02
6	1.0	−0.06448	2.20E−02	−8.65E−02
7	1.2	−0.07097	2.40E−02	−9.50E−02
8	1.4	−0.07611	2.54E−02	−1.02E−01
9	1.6	−0.07856	2.58E−02	−1.04E−01
10	1.8	−0.08100	2.61E−02	−1.07E−01
11	2.0	−0.08345	2.65E−02	−1.10E−01
12	2.2	−0.08095	2.52E−02	−1.06E−01
13	2.4	−0.07844	2.39E−02	−1.02E−01
14	2.6	−0.07594	2.26E−02	−9.85E−02
15	2.8	−0.07106	2.02E−02	−9.12E−02
16	3.0	−0.06498	1.72E−02	−8.22E−02
17	3.2	−0.05890	1.43E−02	−7.32E−02
18	3.4	−0.04988	1.08E−02	−6.07E−02
19	3.6	−0.03497	6.35E−03	−4.13E−02
20	3.8	−0.02007	1.90E−03	−2.20E−02
21	4.0	−0.00517	−2.54E−03	−2.63E−03

表 3-6 300m 埋深（顶锚杆长度为 0.6m）时回采巷道
安装顶帮锚杆时两帮移近量表

序 号	巷道高度/m	左帮位移/m	右帮位移/m	两帮移近量/m
1	0	− 0.00315	− 0.003	0.00015
2	0.1502	− 0.00110	− 0.00583	− 0.00473
3	0.3004	0.00095	− 0.00866	− 0.00961
4	0.4506	0.00299	− 0.01148	− 0.01447
5	0.6008	0.00504	− 0.01431	− 0.01935
6	0.7510	0.00709	− 0.01714	− 0.02423
7	0.9012	0.00720	− 0.01762	− 0.02482
8	1.0514	0.00732	− 0.01810	− 0.02542
9	1.2016	0.00743	− 0.01859	− 0.02602
10	1.3518	0.00755	− 0.01907	− 0.02662
11	1.5020	0.00766	− 0.01955	− 0.02721
12	1.6522	0.00717	− 0.01987	− 0.02704
13	1.8024	0.00668	− 0.02020	− 0.02688
14	1.9526	0.00618	− 0.02052	− 0.02670
15	2.1028	0.00569	− 0.02085	− 0.02654
16	2.2530	0.00520	− 0.02117	− 0.02637
17	2.4032	0.00329	− 0.02009	− 0.02338
18	2.5534	0.00139	− 0.01900	− 0.02039
19	2.7036	− 0.00052	− 0.01792	− 0.01740
20	2.8538	− 0.00242	− 0.01684	− 0.01442
21	3.0040	− 0.00433	− 0.01575	− 0.01142

第二种支护结构条件下，当顶锚杆长度从0.6m不断增加直到1.5m时，回采巷道顶底板位移量和两帮位移量的变化规律基本不变，巷道开挖后，在上覆岩层重力和水平构造应力作用下，巷道顶板下沉，巷道底板在围岩应力作用下产生底鼓。

第三种支护情况：在回采巷道底板安装5根锚杆，锚杆排间距0.8m。锚杆长度为1.8m，直径为20mm，锚杆弹性模量为2.07×10^{11}Pa，初始预紧力为4t。

只安装底锚杆时，回采巷道顶底板移近量如图3-12所示，由图可知，巷道顶底板移近量为0.111215m。两帮移近量为0.02833m。巷道围岩应力分布情况和前两种情况相比，巷道顶板中点出现拉应力，巷道底板右脚部产生最大的压应力集中，这两个部位是巷道最危险的部位。图3-13中显示了巷道顶板应力分布规律。巷道顶板中点最大拉应力为2.47878MPa，底板右脚部最大压应力值为−27.93863MPa，巷道底板中部水平压应力为−7.36582MPa。

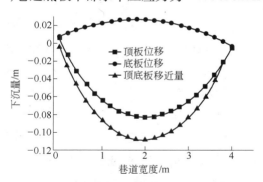

图3-12 只安装底锚杆时巷道顶底板移近量图（4t、300m）

为了便于比较分析，我们计算了水平地应力之比为26.0∶13.0条件下，回采巷道不加任何支护时的围岩应力及位移。不支护时巷道顶板中部最大水平拉应力S_x为2.4771MPa，底板中部最小压应力为−6.54064MPa，底角最大压应力为−28.15513MPa。顶底板移近量为0.111875m，两帮移近量为0.02835m。通过对比发现，第一种支护

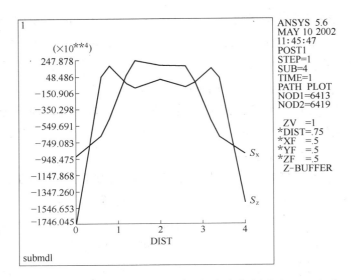

图 3-13 只安装底板锚杆时巷道顶板应力分布图 （4t、300m）

和第二种支护条件下巷道顶板中最大拉应力分别为 2.34476MPa、
2.36409MPa，小于不支护条件下巷道顶板拉应力，而顶底板移近量
也小于不支护时巷道顶底板移近量。这说明顶锚杆起到了一定的支护
作用，但没有完全控制巷道顶板的变形。第三种支护情况下巷道顶板
的最大拉应力为 2.47878MPa，大于不支护时的最大拉应力，底板中
部的压应力为 −7.36582MPa，也大于不支护时的压应力，而巷道顶
底板的移近量小于不支护时顶底板移近量，从而说明安装底锚杆很难
控制巷道顶板的最大拉应力，安装的底锚杆控制了巷道底板的变形，
从而使巷道顶底板移近量降低，巷道底板压应力的增加有利于水平应
力的传递，对巷道的稳定性有利。

　　将第一种锚杆支护情况与第二种锚杆支护情况相比。两种支护情
况中回采巷道围岩中最危险点的位置相同，巷道顶板中最大拉应力和
底板右脚部的最大压应力值，第二种支护情况略高于第一种支护情
况。第一种支护中巷道顶板中点的拉应力和底板右脚部最大压应力值
分别为 2.34476MPa 和 −28.14778MPa，第二种支护中这两点的应力

分别为 2. 36409MPa 和 – 28. 15081MPa。第二种支护比第一种支护最大拉应力高 19. 33MPa，最大压应力低 30. 33MPa。回采巷道顶底板移近量和两帮移近量第一种支护比第二种支护略高。第一种支护巷道顶底板移近量和两帮移近量分别为 0. 109974m 和 0. 02827m，第二种支护分别为 0. 109938m 和 0. 02721m。第二种支护比第一种支护顶底板移近量低 0. 036mm，两帮移近量低 1. 06mm。这表明在高水平应力、较浅埋深的条件下，巷道安设帮锚杆对巷道稳定性作用不明显。

通过计算分析我们认为，在高水平地应力条件下，回采巷道的稳定性主要受巷道顶板最大水平拉应力控制，顶板最大水平应力的大小与巷道开挖前顶板位置垂直应力与水平应力的比值有关。由于采空区的影响，巷道顶板处于水平应力 S_x 的应力降低区、垂直应力 S_z 的承压区内。这使得巷道顶板位置垂直应力 S_z 与水平应力 S_x 比值增大，从而使巷道顶板出现较大的拉应力。安装高预紧力的顶锚杆可降低巷道顶板中的拉应力，控制巷道顶板变形，提高巷道的稳定性。安装底锚杆增加了底板岩体的刚性，控制了巷道底板的变形。但底锚杆很难改变巷道顶板的应力状态。安装帮锚杆对控制水平地应力的作用不明显，对回采巷道稳定性作用也不大。

回采巷道不同锚杆支护结构、不同锚杆初始预紧力条件下巷道围岩应力及位移变化规律如表 3-7 ~ 表 3-10 所示。由表 3-7 可以看出，在第一种支护条件下，即安设顶锚杆时，随着锚杆预紧力从 4t 增加到 8t，使巷道顶板和两帮围岩体的弹性模量和刚度增加，从而使巷道顶底板移近量和两帮移近量减小，但减小程度不大，巷道顶板中部的水平拉应力 S_x 降低；但巷道底板右角部最大水平压应力集中没有什么变化。第二种支护条件即安设顶和帮锚杆，此时，与第一种支护条件下巷道顶底板的应力、位移变化规律基本相同。第三种支护情况下，即只安装底锚杆时，随着锚杆预紧力的增加，增加了巷道底板岩体的刚度，控制了巷道底板的变形，从而使巷道顶底板移近量减小。底板中的平均应力上升，右脚部的最大压应力下降。底板中平均压应力的增加，说明底锚杆起到了支护作用，这有利于围岩中水平应力的传递，对巷道的稳定性有利。第一种支护情况和第三种支护情况相比，巷道顶底板移近量的差值随着锚杆预紧力的增加而减小，两帮移近量变化基本不明显。第一种支护和第二种支护相比，巷道顶底板移近量的差值随着锚杆预紧力的增加没有大的变化，两帮移近量的差值随着锚杆预紧力的增加而增大。这说明在浅埋深、高水平应力条件下，安设帮锚杆对巷道的稳定性作用不大。

为了进一步分析锚杆支护结构对巷道稳定性的影响，我们分析了锚杆长度分别为 0.9m、1.2m、1.5m 时回采巷道顶底板和两帮位移量及巷道顶底板的应力情况，见表 3-8 ~ 表 3-10。通过分析我们发现，在不同锚杆长度下其巷道顶底板和两帮的应力及位移变化规律与锚杆长度为 0.6m 时的情况没有什么大的变化。只是随着锚杆长度的增加，巷道顶底板的移近量略有减小，但减小的量很小。两帮位移量基本没有什么变化。在锚杆长度为 0.9m、1.2m 时，顶板最大拉应力基本不变，当锚杆长度为 1.5m 时，回采巷道顶板最大拉应力增大到 2.56074MPa。可见，锚杆长度达到 1.5m 时，对巷道顶板的稳定不利。巷道底板最大压应力基本没有变化，可见，改变巷道顶锚杆的长度对巷道底板的影响很小。

通过以上各种锚杆支护结构、不同预紧力、不同锚杆长度下锚杆支护巷道围岩位移和应力分析，锚杆预紧力增加，各种支护结构下巷道顶底板位移量下降，两帮的位移量不明显。巷道周边锚杆安装部位的压应力集中随着锚杆预紧力增加而上升，而顶板中的拉应力在第一种和第三种支护条件下随着锚杆预紧力增加呈下降趋势。巷道锚杆初始预紧力的增加，使巷道顶底板移近量减小，根据巷道稳定性变形准则可知，初始预紧力增加有利于巷道的稳定性。另外，锚杆初始预紧力的增加，使巷道围岩的弹性模量和刚度增加，使巷道围岩的强度增加，也使围岩的压应力集中加大。锚杆长度的改变在某种程度上也有利于巷道围岩的稳定。

表 3-7　300m 埋深回采巷道锚杆支护计算结果表

（水平地应力之比 26.0∶13.0，锚杆长度 0.6m）

项目	支护结构代码	d3	ddd3	d3-ddd3	dd3	d3-dd3	ddd3-dd3
初预紧力4t	顶底板移近量/mm	109.974	111.215	-1.241	109.938	0.036	1.277
	两帮移近量/mm	28.27	28.33	-0.06	27.21	1.06	1.12
	顶板最大 S_x/MPa	2.34476	2.47878		2.36409		
	左顶角 S_z/MPa	-17.4648	-17.4645		-17.53572		
	底板最大 S_x/MPa	-6.52588	-7.36582		-6.46128		
	右底角 S_x/MPa	-28.14778	-27.93863		-28.15081		
初预紧力8t	顶底板移近量/mm	109.794	110.987	-1.193	109.746	0.048	1.241
	两帮移近量/mm	28.22	28.34	-0.12	27.07	1.15	1.27
	顶板最大 S_x/MPa	2.31053	2.4784		2.33185		
	左顶角 S_z/MPa	-17.44701	-17.45919		-17.52494		
	底板最大 S_x/MPa	-6.52796	-7.5084		-6.45585		
	右底角 S_x/MPa	-28.1478	-27.90434		-28.15125		

表 3-8　300m 埋深回采巷道锚杆支护计算结果表

（水平地应力之比 26.0∶13.0，锚杆长度 0.9m）

项目	支护结构代码	d3	ddd3	d3-ddd3	dd3	d3-dd3	ddd3-dd3
初预紧力4t	顶底板移近量/mm	109.705	111.215	7998.49	109.579	8000.126	1.636
	两帮移近量/mm	28.31	28.33	-0.02	27.24	1.07	1.09
	顶板最大 S_x/MPa	2.35226	2.47878		2.37288		
	左顶角 S_z/MPa	-17.46434	-17.4645		-17.54377		
	底板最大 S_x/MPa	-6.53361	-7.36582		-6.46856		
	右底角 S_x/MPa	-28.15	-27.93863		-28.15329		

项目	支护结构代码	d3	ddd3	d3-ddd3	dd3	d3-dd3	ddd3-dd3
初预紧力8t	顶底板移近量/mm	108.09	110.987	-2.897	108.052	0.038	2.935
	两帮移近量/mm	28.29	28.34	-0.05	27.1	1.19	1.24
	顶板最大 S_x/MPa	2.2589	2.4784		2.28072		
	左顶角 S_z/MPa	-17.47456	-17.45919		-17.55262		
	底板最大 S_x/MPa	-6.66225	-7.5084		-6.58923		
	右底角 S_x/MPa	-28.09809	-27.90434		-28.10197		

表3-9 300m 埋深回采巷道锚杆支护计算结果表

（水平地应力之比 26.0∶13.0，锚杆长度 1.2m）

项目	支护结构代码	d3	ddd3	d3-ddd3	dd3	d3-dd3	ddd3-dd3
初预紧力4t	顶底板移近量/mm	108.824	111.215	-2.391	108.688	0.136	2.527
	两帮移近量/mm	28.33	28.33	0	27.27	1.06	1.06
	顶板最大 S_x/MPa	2.32749	2.47878		2.34693		
	左顶角 S_z/MPa	-17.48904	-17.4645		-17.56		
	底板最大 S_x/MPa	-6.53265	-7.36582		-6.46804		
	右底角 S_x/MPa	-28.15453	-27.93863		-28.15759		
初预紧力8t	顶底板移近量/mm	108.893	110.987	-2.094	108.855	0.038	2.132
	两帮移近量/mm	28.33	28.34	-0.01	27.12	1.21	1.22
	顶板最大 S_x/MPa	2.32354	2.4784		2.34546		
	左顶角 S_z/MPa	-17.48128	-17.45919		-17.55929		
	底板最大 S_x/MPa	-6.5314	-7.5084		-6.4593		
	右底角 S_x/MPa	-28.15537	-27.90434		-28.15885		

表3-10 300m 埋深回采巷道锚杆支护计算结果表

（水平地应力之比 26.0∶13.0，锚杆长度 1.5m）

项目	支护结构代码	d3	ddd3	d3-ddd3	dd3	d3-dd3	ddd3-dd3
初预紧力4t	顶底板移近量/mm	108.782	111.215	-2.433	108.706	0.076	2.509
	两帮移近量/mm	28.36	28.33	0.03	27.3	1.06	1.03
	顶板最大 S_x/MPa	2.56074	2.47878		2.56899		
	左顶角 S_z/MPa	-17.50556	-17.4645		-17.58224		
	底板最大 S_x/MPa	-6.53063	-7.36582		-6.46565		
	右底角 S_x/MPa	-28.16044	-27.93863		-28.16368		
初预紧力8t	顶底板移近量/mm	108.632	110.987	-2.355	108.593	0.039	2.394
	两帮移近量/mm	28.35	28.34	0.01	27.13	1.22	1.21
	顶板最大 S_x/MPa	2.49375	2.4784		2.50129		
	左顶角 S_z/MPa	-17.51119	-17.45919		-17.58933		
	底板最大 S_x/MPa	-6.52723	-7.5084		-6.45507		
	右底角 S_x/MPa	-28.1634	-27.90434		-28.16382		

3.4.4 第一种地应力条件下回采巷道不同锚杆支护时巷道离层分析

为了更好地分析不同锚杆长度、不同锚杆预紧力条件下，回采巷道顶底板的稳定性。我们将锚杆长度分为 0.6m、0.9m、1.2m、1.5m、1.8m、2.1m 六个锚杆长度，分别计算讨论此六种情况下的锚杆长度对回采巷道顶板稳定性的影响。主要通过分析不同锚杆长度下巷道顶底板的离层节点数来分析巷道的稳定性，提出一种合理的锚杆支护长度，合理确定锚杆的支护参数，使巷道顶底板的稳定性达到最优的效果。

下面我们主要分析在第一种地应力条件下，即水平地应力之比为 13.0∶13.0，回采巷道埋藏深度为 500m 和 300m 时，不同锚杆支护长度时、不同预紧力下的回采巷道顶底板的离层节点数，通过分析这些离层节点数来分析回采巷道的稳定性。锚杆支护分为三种情况，第一种支护为只加顶锚杆；第二种支护为加顶、帮锚杆；第三种支护为只加底锚杆。下面我们进行具体分析。

3.4.4.1　500m 埋深时不同锚杆长度支护结构下巷道围岩离层分析

巷道埋藏深度 500m、锚杆初始预紧力为 4t，当锚杆长度为 0.6m 时，如表 3-11 所示。回采巷道顶板离层数目为 15 个，经过分析发现这些离层中只有 6789 号节点在锚杆长度范围之内，其余的 14 个离层节点都在锚杆长度范围之外，说明 0.6m 长的短锚杆不能有效地控制巷道顶板的离层，并且顶锚杆的预紧力也不够大。当锚杆长度增长到 0.9m 时，如表 3-12 所示。回采巷道顶板离层数目为 9 个，在这些离层中 6789 号和 6797 号离层节点位于锚杆长度范围之内，其余 7 个离层节点在锚杆范围之外。与锚杆长度为 0.6m 时相比，离层数目减少 7 个，从而可以说明锚杆长度的增加使巷道顶板的离层数目大量闭合，增强了巷道顶板的稳定性。由前面的分析使我们知道巷道顶、底板产生离层对巷道稳定性极为不利，特别是巷道顶板离层，如果顶板离层得不到有效的控制而进一步扩大，极有可能产生巷道顶板大面积的冒顶事故，因此，有效控制巷道顶、底板的离层对维护巷道的稳定性具有深远的意义。当锚杆长度进一步加长达到 1.2m 时，如表 3-13 所示。巷道顶板的离层数目达到 14 个，与锚杆长度为 0.9m 时的离层数目相比反而增多。分析巷道顶板中离层产生的位置，其中 6740 号、6767 号、6777 号、6784 号和 6794 号 5 个离层节点在锚杆长度范围之外，其余的 7 个离层节点都在锚杆范围之内，从而可以说明随着锚杆长度的增加，巷道顶板的离层节点数目增加，而锚杆长度范围内的锚杆不能够被压合。这充分说明锚杆的预紧力不足，不能有效控制锚杆长度范围内的离层。需要进一步加大锚杆的初始预紧力才能够有效控制巷道顶板的离层。当锚杆长度继续增大到 1.5m 时，如表 3-14 所示。情况与锚杆长度为 1.2m 时的情况基本相同，此时巷道顶板的离层节点数为 15 个，并且都在锚杆长度范围之内。从而可以更好地说明巷道锚杆的初始预紧力不足，不能够有效地控制巷道顶板的变形。将锚杆长度增加到 1.8m 时，如表 3-15 所示。只安装顶锚杆时，回采巷道顶板的离层节点数为 20 个，比较前边几种锚杆长度时的离层数大大增加，且所有的离层都在锚杆长度范围之内，从而说明锚杆长度增加，而锚杆初始预紧力不足，则不能够很好地控制巷道顶板的离层，保持巷道的稳定性，因此必须给锚杆提供足够的初始预紧力。当锚杆长度进一步加大到 2.1m 时，如表 3-16 所示。只安装顶锚杆时，回采巷道顶板的离层节点数为 20 个，与锚杆长度为 1.8m 时的情形基本相同，离层都在锚杆长度范围之内，锚杆初始预紧力不足，不能够将锚杆范围内的离层压合，不利于巷道围岩的稳定性。从以上分析能够得知，随着锚杆长度的增加，顶板离层数目也有不同程度的增加，其主要原因还是因为锚杆初始预紧力不足，不能有效地控制巷道顶板的离层，只有在足够的锚杆初始预紧力作用下，才能够有效地控制巷道顶板的离层数目，改善巷道顶板的稳定性。

表 3-11　500m 埋深锚杆初始预紧力为 4t 时回采巷道顶底板离层情况

（水平地应力比 13∶13，锚杆长度 0.6m）

项目	巷道顶板						巷道底板		
	序号	节点号	离层宽度/m	序号	节点号	离层宽度/m	序号	节点号	离层宽度/m
安装顶锚杆	1	6736	1.39E−03	9	6800	2.84E−03	1	6743	4.26E−04
	2	6745	8.77E−04	10	6805	2.19E−03	2	6750	4.48E−04
	3	6754	7.73E−04	11	6809	2.04E−03	3	6759	9.84E−04
	4	6763	1.04E−03	12	6813	2.05E−03	4	6769	1.12E−03
	5	6773	1.35E−03	13	6817	2.79E−03	5	6779	1.15E−03
	6	6782	1.02E−03	14	6822	1.83E−03	6	6788	1.10E−03
	7	6789	2.67E−05	15	6823	1.36E−03	7	6798	9.68E−04
	8	6790	1.66E−03						

项目	序号	节点号	离层宽度/m	序号	节点号	离层宽度/m	序号	节点号	离层宽度/m
		巷道顶板						巷道底板	
安装顶帮锚杆	1	6814	1.39E-03	9	6878	2.84E-03	1	6821	4.26E-04
	2	6823	8.66E-04	10	6883	2.20E-03	2	6828	4.49E-04
	3	6832	7.58E-04	11	6887	2.05E-03	3	6837	9.85E-04
	4	6841	1.02E-03	12	6891	2.06E-03	4	6847	1.12E-03
	5	6851	1.33E-03	13	6895	2.80E-03	5	6857	1.15E-03
	6	6860	1.01E-03	14	6900	1.83E-03	6	6866	1.10E-03
	7	6867	4.02E-05	15	6901	1.34E-03	7	6876	9.69E-04
	8	6868	1.66E-03						

表3-12 500m埋深锚杆初始预紧力为4t时回采巷道顶底板离层情况

（水平地应力比13∶13，锚杆长度0.9m）

项目	序号	节点号	离层宽度/m	序号	节点号	离层宽度/m	序号	节点号	离层宽度/m
		巷道顶板						巷道底板	
安装顶锚杆	1	6736	3.09E-03	8	6797	1.26E-04	1	6743	4.26E-04
	2	6745	2.30E-03	9	6823	2.55E-03	2	6750	4.48E-04
	3	6754	2.01E-03				3	6759	9.84E-04
	4	6763	2.52E-03				4	6769	1.12E-03
	5	6773	2.97E-03				5	6779	1.15E-03
	6	6782	2.14E-03				6	6788	1.10E-03
	7	6789	5.23E-04				7	6798	9.68E-04
安装顶帮锚杆	1	6814	3.08E-03	8	6875	1.43E-04	1	6821	4.26E-04
	2	6823	2.30E-03	9	6901	2.53E-03	2	6828	4.49E-04

续表 3-12

项目	巷 道 顶 板						巷 道 底 板		
	序号	节点号	离层宽度/m	序号	节点号	离层宽度/m	序号	节点号	离层宽度/m
安装顶帮锚杆	3	6832	2.00E-03				3	6837	9.84E-04
	4	6841	2.52E-03				4	6847	1.12E-03
	5	6851	2.95E-03				5	6857	1.15E-03
	6	6860	2.11E-03				6	6866	1.10E-03
	7	6867	5.48E-04				7	6876	9.68E-04

表 3-13 500m 埋深锚杆初始预紧力为 4t 时回采巷道顶底板离层情况

（水平地应力比 13∶13，锚杆长度 1.2m）

项目	巷 道 顶 板						巷 道 底 板		
	序号	节点号	离层宽度/m	序号	节点号	离层宽度/m	序号	节点号	离层宽度/m
安装顶锚杆	1	6740	1.17E-05	8	6780	1.47E-04	1	6743	4.26E-04
	2	6742	1.06E-04	9	6784	1.40E-03	2	6750	4.48E-04
	3	6751	3.62E-04	10	6789	1.21E-03	3	6759	9.84E-04
	4	6760	2.15E-04	11	6794	9.72E-04	4	6769	1.12E-03
	5	6767	4.37E-04	12	6797	1.11E-03	5	6779	1.15E-03
	6	6770	3.50E-04	13	6800	2.17E-03	6	6788	1.10E-03
	7	6777	6.56E-04	14	6817	4.79E-04	7	6798	9.68E-04
安装顶帮锚杆	1	6818	1.06E-05	8	6858	1.59E-04	1	6821	4.26E-04
	2	6820	1.29E-04	9	6862	1.38E-03	2	6828	4.49E-04
	3	6829	3.69E-04	10	6867	1.23E-03	3	6837	9.84E-04
	4	6838	2.08E-04	11	6872	9.52E-04	4	6847	1.12E-03
	5	6845	4.63E-04	12	6875	1.12E-03	5	6857	1.15E-03
	6	6848	3.56E-04	13	6878	2.16E-04	6	6866	1.10E-03
	7	6855	6.28E-04	14	6895	4.54E-04	7	6876	9.68E-04

表3-14　500m 埋深锚杆初始预紧力为 4t 时回采巷道顶底板离层情况

（水平地应力比 13：13，锚杆长度 1.5m）

项目	巷道顶板						巷道底板		
	序号	节点号	离层宽度/m	序号	节点号	离层宽度/m	序号	节点号	离层宽度/m
安装顶锚杆	1	6736	7.71E－04	9	6797	9.73E－04	1	6743	4.26E－04
	2	6751	3.87E－04	10	6800	7.47E－04	2	6750	4.48E－04
	3	6760	2.74E－04	11	6805	3.49E－04	3	6759	9.84E－04
	4	6770	4.16E－04	12	6809	3.54E－04	4	6769	1.12E－03
	5	6773	4.92E－04	13	6813	4.15E－04	5	6779	1.15E－03
	6	6780	9.03E－05	14	6817	8.24E－04	6	6788	1.10E－03
	7	6782	8.90E－04	15	6823	1.04E－03	7	6798	9.68E－04
	8	6789	1.14E－03						
安装顶帮锚杆	1	6814	7.60E－04	9	6867	1.16E－03	1	6821	4.26E－04
	2	6820	2.55E－05	10	6875	9.91E－04	2	6828	4.49E－04
	3	6829	4.11E－04	11	6878	7.53E－04	3	6837	9.84E－04
	4	6838	2.98E－04	12	6883	3.52E－04	4	6847	1.12E－03
	5	6848	4.40E－04	13	6887	3.63E－04	5	6857	1.15E－03
	6	6851	4.81E－04	14	6891	4.16E－04	6	6866	1.10E－03
	7	6858	1.14E－04	15	6895	8.26E－04	7	6876	9.69E－04
	8	6860	8.81E－04	16	6901	1.03E－03			

　　随着锚杆初始预紧力增加，锚杆支护范围内的岩体中离层的节点数减小。下面分析当巷道埋藏深度 500m、锚杆初始预紧力为 8t 时，改变锚杆长度时回采巷道顶板的稳定性。当锚杆长度为 0.6m 时，如表 3-17 所示。只加顶锚杆时，巷道顶板的离层数目为 14 个，并且这些离层节点都在锚杆长度范围之外，从而可以说明在 0.6m 长的锚杆

表 3-15 500m 埋深锚杆初始预紧力为 4t 时回采巷道顶底板离层情况

（水平地应力比 13∶13，锚杆长度 1.8m）

项目	巷 道 顶 板						巷 道 底 板		
	序号	节点号	离层宽度/m	序号	节点号	离层宽度/m	序号	节点号	离层宽度/m
安装顶锚杆	1	6736	7.06E－04	11	6782	1.29E－03	1	6743	4.26E－04
	2	6742	2.03E－04	12	6789	1.30E－03	2	6750	4.48E－04
	3	6745	2.69E－04	13	6797	1.11E－03	3	6759	9.84E－04
	4	6751	4.73E－04	14	6800	9.00E－04	4	6769	1.12E－03
	5	6754	9.92E－05	15	6805	5.16E－04	5	6779	1.15E－03
	6	6760	3.58E－04	16	6809	5.20E－04	6	6788	1.10E－03
	7	6763	2.78E－04	17	6813	6.03E－04	7	6798	9.68E－04
	8	6770	4.90E－04	18	6817	9.60E－04			
	9	6773	8.17E－04	19	6822	8.63E－07			
	10	6780	1.79E－04	20	6823	1.16E－03			
安装顶帮锚杆	1	6814	6.90E－04	11	6860	1.28E－03	1	6821	4.27E－04
	2	6820	2.31E－04	12	6867	1.32E－03	2	6828	4.49E－04
	3	6823	2.58E－04	13	6875	1.13E－03	3	6837	9.85E－04
	4	6829	4.97E－04	14	6878	9.02E－04	4	6847	1.12E－03
	5	6832	8.92E－05	15	6883	5.19E－04	5	6857	1.15E－03
	6	6838	3.82E－04	16	6887	5.23E－04	6	6866	1.10E－03
	7	6841	2.67E－04	17	6891	6.07E－04	7	6876	9.69E－04
	8	6848	5.13E－04	18	6895	9.62E－04			
	9	6851	8.04E－04	19	6900	1.03E－06			
	10	6858	2.03E－04	20	6901	1.15E－03			

表3-16 500m埋深锚杆初始预紧力为4t时回采巷道顶底板离层情况

（水平地应力比13：13，锚杆长度2.1m）

项目	巷道顶板						巷道底板		
	序号	节点号	离层宽度/m	序号	节点号	离层宽度/m	序号	节点号	离层宽度/m
安装顶锚杆	1	6736	1.14E-03	11	6782	1.81E-03	1	6743	4.26E-04
	2	6742	3.23E-04	12	6789	1.39E-03	2	6750	4.48E-04
	3	6745	7.79E-04	13	6797	1.23E-03	3	6759	9.84E-04
	4	6751	4.97E-04	14	6800	9.56E-04	4	6769	1.12E-03
	5	6754	6.43E-04	15	6805	6.42E-04	5	6779	1.15E-03
	6	6760	3.64E-04	16	6809	6.59E-04	6	6788	1.10E-03
	7	6763	7.88E-04	17	6813	7.21E-04	7	6798	9.68E-04
	8	6770	5.35E-04	18	6817	1.06E-03			
	9	6773	1.31E-03	19	6822	9.88E-05			
	10	6780	2.32E-04	20	6823	1.69E-03			
安装顶帮锚杆	1	6814	1.27E-03	11	6860	1.80E-03	1	6821	4.27E-04
	2	6820	1.84E-04	12	6867	1.41E-03	2	6828	4.49E-04
	3	6823	7.50E-04	13	6875	1.23E-03	3	6837	9.85E-04
	4	6829	5.24E-04	14	6878	1.01E-03	4	6847	1.12E-03
	5	6832	6.30E-04	15	6883	6.83E-04	5	6857	1.15E-04
	6	6838	3.95E-04	16	6887	6.66E-04	6	6866	1.10E-03
	7	6841	7.79E-04	17	6891	7.23E-04	7	6876	9.69E-04
	8	6848	5.59E-04	18	6895	1.07E-03			
	9	6851	1.29E-03	19	6900	1.03E-04			
	10	6858	2.55E-04	20	6901	1.72E-03			

范围内已经不存在离层，所产生的离层都在锚杆长度范围以外，要想更好地控制巷道顶板的稳定性，必须加大锚杆的长度，加大锚杆的初始预紧力。当锚杆长度增大到 0.9m 时，如表 3-18 所示。回采巷道顶板离层数目为 7 个，并且也都在锚杆长度范围之外，0.9m 锚杆长度范围内的裂隙都被压合，可见，随着锚杆长度的增加，锚杆长度范围内的离层数量不断减少，使巷道顶板的稳定性不断趋于稳定。锚杆长度进一步加长到 1.2m 时，如表 3-19 所示。只加顶锚杆时，回采巷道顶板的离层数目为 9 个，与初始预紧力为 4t 时，锚杆长度为 1.2m 时的离层数目相比，巷道顶板离层数目减少了 5 个，经过分析发现此 5 个离层都在锚杆长度范围之内，说明锚杆初始预紧力从 4t 增加到 8t，回采巷道顶板的离层有 5 个被压合，而且在这 9 个离层中，6770 号、6789 号、6797 号、6800 号和 6817 号这 5 个离层都在锚杆长度范围之内，没有被压合，说明锚杆的初始预紧力还是不够大，需要在加大锚杆初始预紧力才能进一步压合巷道顶板的裂隙，增强巷道顶板的稳定性。因此，加大锚杆初始预紧力能够有效地维护巷道顶板的稳定。当锚杆长度增加到 1.5m 时，如表 3-20 所示。只加顶锚杆时，回采巷道顶板的离层数目为 14 个，并且都在锚杆长度范围之内，与锚杆初始预紧力为 4t 时的离层数目相同，但是，离层的宽度都有大幅度的减小，同样可以说明加大锚杆初始预紧力能够控制回采巷道顶板的离层数。进一步讨论锚杆长度增加到 1.8m 时的巷道顶板离层情况，如表 3-21 所示。回采巷道顶板的离层数目为 12 个，并且都在锚杆长度范围之内。与锚杆预紧力为 4t 时回采巷道顶板离层数目相比减少 8 个，这充分说明增大锚杆初始预紧力有利于巷道的稳定。进一步验证锚杆初始预紧力的作用，我们加大锚杆长度达到 2.1m，如表 3-22 所示。回采巷道顶板离层数目为 18 个，与锚杆初始预紧力为 4t 时相比，减少了两个离层，但是所有的离层宽度都有不同程度的减小，同样说明加大锚杆初始预紧力是可以控制巷道围岩的变形。由以上分析可知，锚杆初始预紧力的增加，使巷道围岩的弹性模量和刚度增加，使巷道围岩的强度增加，有利于巷道的稳定。

表 3-17 500m 埋深锚杆初始预紧力为 8t 时回采巷道顶底板离层情况

（水平地应力比 13∶13，锚杆长度 0.6m）

项目	巷道顶板							巷道底板		
	序号	节点号	离层宽度/m	序号	节点号	离层宽度/m	序号	节点号	离层宽度/m
安装顶锚杆	1	6736	1.45E-03	8	6800	2.43E-03	1	6743	4.26E-04
	2	6745	9.48E-04	9	6805	2.01E-03	2	6750	4.48E-04
	3	6754	7.25E-04	10	6809	2.01E-03	3	6759	9.84E-04
	4	6763	9.18E-04	11	6813	2.02E-03	4	6769	1.12E-03
	5	6773	1.31E-03	12	6817	2.45E-03	5	6779	1.15E-03
	6	6782	1.03E-03	13	6822	1.69E-03	6	6788	1.10E-03
	7	6790	1.58E-03	14	6823	1.25E-03	7	6798	9.68E-04
安装顶帮锚杆	1	6814	1.44E-03	8	6878	2.44E-03	1	6821	4.26E-04
	2	6823	9.33E-04	9	6883	2.02E-03	2	6828	4.49E-04
	3	6832	7.08E-04	10	6887	2.02E-03	3	6837	9.85E-04
	4	6841	9.00E-04	11	6891	2.05E-03	4	6847	1.12E-03
	5	6851	1.27E-03	12	6895	2.50E-03	5	6857	1.15E-03
	6	6860	9.96E-04	13	6900	1.73E-03	6	6866	1.10E-03
	7	6868	1.59E-03	14	6901	1.24E-03	7	6876	9.69E-04

表 3-18 500m 埋深锚杆初始预紧力为 8t 时回采巷道顶底板离层情况

（水平地应力比 13∶13，锚杆长度 0.9m）

项目	巷道顶板							巷道底板		
	序号	节点号	离层宽度/m	序号	节点号	离层宽度/m	序号	节点号	离层宽度/m
安装顶锚杆	1	6736	2.85E-03				1	6743	4.26E-04
	2	6745	2.16E-03				2	6750	4.48E-04
	3	6754	1.91E-03				3	6759	9.84E-04

续表 3-18

项目	巷道顶板						巷道底板		
	序号	节点号	离层宽度/m	序号	节点号	离层宽度/m	序号	节点号	离层宽度/m
安装顶锚杆	4	6763	2.13E−03				4	6769	1.12E−03
	5	6773	2.74E−03				5	6779	1.15E−03
	6	6782	2.23E−03				6	6788	1.10E−03
	7	6823	2.36E−03				7	6798	9.68E−04
安装顶帮锚杆	1	6814	2.84E−03	8	6901	2.35E−03	1	6821	4.26E−04
	2	6823	2.15E−03				2	6828	4.49E−04
	3	6832	1.90E−03				3	6837	9.84E−04
	4	6841	2.13E−03				4	6847	1.12E−03
	5	6851	2.73E−03				5	6857	1.15E−03
	6	6860	2.22E−03				6	6866	1.10E−03
	7	6867	2.43E−08				7	6876	9.68E−04

表 3-19 500m 埋深锚杆初始预紧力为 8t 时回采巷道顶底板离层情况
（水平地应力比 13∶13，锚杆长度 1.2m）

项目	巷道顶板						巷道底板		
	序号	节点号	离层宽度/m	序号	节点号	离层宽度/m	序号	节点号	离层宽度/m
安装顶锚杆	1	6767	7.08E−04	8	6800	4.51E−04	1	6743	4.26E−04
	2	6770	1.27E−06	9	6817	5.36E−04	2	6750	4.48E−04
	3	6777	3.81E−04				3	6759	9.84E−04
	4	6784	9.90E−04				4	6769	1.12E−03
	5	6789	6.68E−04				5	6779	1.15E−03
	6	6794	1.09E−03				6	6788	1.10E−03
	7	6797	4.20E−04				7	6798	9.68E−04

项目	巷道顶板						巷道底板		
	序号	节点号	离层宽度/m	序号	节点号	离层宽度/m	序号	节点号	离层宽度/m
安装顶帮锚杆	1	6829	1.47E-07	8	6875	4.39E-04	1	6821	4.26E-04
	2	6845	6.88E-04	9	6878	4.60E-04	2	6828	4.49E-04
	3	6848	4.51E-05	10	6895	5.80E-04	3	6837	9.84E-04
	4	6855	3.61E-04				4	6847	1.12E-03
	5	6862	9.68E-04				5	6857	1.15E-03
	6	6867	6.83E-04				6	6866	1.10E-03
	7	6872	1.06E-03				7	6876	9.68E-04

表 3-20 500m 埋深锚杆初始预紧力为 8t 时回采巷道顶底板离层情况

（水平地应力比 13∶13，锚杆长度 1.5m）

项目	巷道顶板						巷道底板		
	序号	节点号	离层宽度/m	序号	节点号	离层宽度/m	序号	节点号	离层宽度/m
安装顶锚杆	1	6736	1.39E-04	8	6797	7.30E-04	1	6743	4.26E-04
	2	6751	1.93E-04	9	6800	7.21E-04	2	6750	4.48E-04
	3	6760	2.32E-06	10	6805	3.18E-04	3	6759	9.84E-04
	4	6770	2.10E-04	11	6809	3.50E-04	4	6769	1.12E-03
	5	6773	1.58E-04	12	6813	3.56E-04	5	6779	1.15E-03
	6	6782	5.30E-04	13	6817	7.01E-04	6	6788	1.10E-03
	7	6789	1.01E-03	14	6823	3.81E-04	7	6798	9.68E-04
安装顶帮锚杆	1	6814	1.28E-04	8	6875	7.52E-04	1	6821	4.26E-04
	2	6829	2.15E-04	9	6878	7.22E-04	2	6828	4.49E-04
	3	6838	3.39E-06	10	6883	3.23E-04	3	6837	9.84E-04

项目	巷道顶板						巷道底板		
	序号	节点号	离层宽度/m	序号	节点号	离层宽度/m	序号	节点号	离层宽度/m
安装顶帮锚杆	4	6848	2.23E-04	11	6887	3.61E-04	4	6847	1.12E-03
	5	6851	1.52E-04	12	6891	3.68E-04	5	6857	1.15E-03
	6	6860	5.22E-04	13	6895	7.43E-04	6	6866	1.10E-03
	7	6867	1.02E-03	14	6901	3.71E-04	7	6876	9.69E-04

表 3-21　500m 埋深锚杆初始预紧力为 8t 时回采巷道顶底板离层情况

（水平地应力比 13：13，锚杆长度 1.8m）

项目	巷道顶板						巷道底板		
	序号	节点号	离层宽度/m	序号	节点号	离层宽度/m	序号	节点号	离层宽度/m
安装顶锚杆	1	6736	4.28E-04	8	6797	8.71E-04	1	6743	4.26E-04
	2	6751	2.66E-04	9	6800	8.33E-04	2	6750	4.48E-04
	3	6760	1.47E-04	10	6805	4.45E-04	3	6759	9.84E-04
	4	6770	2.94E-04	11	6809	4.44E-04	4	6769	1.12E-03
	5	6773	4.38E-04	12	6813	4.92E-04	5	6779	1.15E-03
	6	6782	8.68E-04	13	6817	8.57E-04	6	6788	1.10E-03
	7	6789	1.10E-03	14	6823	7.41E-04	7	6798	9.68E-04
安装顶帮锚杆	1	6814	4.18E-04	9	6875	8.93E-04	1	6821	4.27E-04
	2	6829	2.91E-04	10	6878	8.36E-04	2	6828	4.49E-04
	3	6838	1.72E-04	11	6883	4.49E-04	3	6837	9.85E-04
	4	6848	3.19E-04	12	6887	4.47E-04	4	6847	1.12E-03
	5	6851	4.26E-04	13	6891	4.93E-04	5	6857	1.15E-03
	6	6858	6.86E-06	14	6895	8.69E-04	6	6866	1.10E-03
	7	6860	8.58E-04	15	6901	7.32E-04	7	6876	9.69E-04
	8	6867	1.12E-03						

表3-22 500m 埋深锚杆初始预紧力为8t 时回采巷道顶底板离层情况

（水平地应力比13∶13，锚杆长度2.1m）

项目	巷 道 顶 板						巷 道 底 板		
	序号	节点号	离层宽度/m	序号	节点号	离层宽度/m	序号	节点号	离层宽度/m
安装顶锚杆	1	6736	8.69E−04	10	6782	1.39E−03	1	6743	4.26E−04
	2	6745	1.68E−05	11	6789	1.18E−03	2	6750	4.48E−04
	3	6751	3.33E−04	12	6797	9.67E−04	3	6759	9.84E−04
	4	6754	1.40E−04	13	6800	9.04E−04	4	6769	1.12E−03
	5	6760	2.03E−04	14	6805	7.79E−04	5	6779	1.15E−03
	6	6763	3.96E−04	15	6809	6.79E−04	6	6788	1.10E−03
	7	6770	3.46E−04	16	6813	6.02E−04	7	6798	9.68E−04
	8	6773	9.09E−04	17	6817	9.79E−04			
	9	6780	2.74E−05	18	6823	1.28E−03			
安装顶帮锚杆	1	6814	8.62E−04	10	6860	1.38E−03	1	6821	4.27E−04
	2	6823	1.63E−05	11	6867	1.20E−03	2	6828	4.49E−04
	3	6829	3.57E−04	12	6875	9.90E−04	3	6837	9.85E−04
	4	6832	1.30E−04	13	6878	9.04E−04	4	6847	1.12E−03
	5	6838	2.28E−04	14	6883	7.79E−04	5	6857	1.15E−03
	6	6841	3.86E−04	15	6887	6.86E−04	6	6866	1.10E−03
	7	6848	3.71E−04	16	6891	6.07E−04	7	6876	9.69E−04
	8	6851	8.97E−04	17	6895	9.84E−04			
	9	6858	5.22E−05	19	6901	1.27E−03			

为了进一步讨论不同锚杆长度支护条件下，锚杆初始预紧力对回采巷道稳定性的影响，我们进一步加大锚杆的初始预紧

力。巷道埋藏深度500m、锚杆初始预紧力为20t时，当锚杆长度为0.6m和0.9m时，见表3-23和表3-24。无论预紧力加大到多少，锚杆长度范围之外的离层都不会被压合，而锚杆长度范围内的离层都被压合。锚杆长度为1.2m时，见表3-25。顶板离层数目为2个，而在8t时离层节点数为9个，从而说明锚杆内的7个离层被压合，有两个离层节点在锚杆长度以外不可能被压合。这时，在增加锚杆长度达1.5m时，如表3-26所示。回采巷道顶板离层基本被控制。当锚杆长度达到1.8m时，回采巷道顶板离层数目为2个，当锚杆初始预紧力加到25t时，顶板离层基本被压合。同样，当锚杆长度为2.1m时，回采巷道顶板离层数目为6个，并且都在锚杆长度范围之内，锚杆初始预紧力加大到30t时，巷道顶板离层基本被压合。由此可以得出，在长锚杆支护下，增强锚杆初始预紧力，安装高强度的顶锚杆和钢带，可大大增强顶板岩体刚度，控制顶板的离层。

表3-23 500m埋深锚杆初始预紧力为20t时回采巷道顶底板离层情况

（水平地应力比13：13，锚杆长度0.6m）

项目	巷道顶板						巷道底板		
	序号	节点号	离层宽度/m	序号	节点号	离层宽度/m	序号	节点号	离层宽度/m
安装顶锚杆	1	6736	1.25E-03	8	6800	2.27E-03	1	6743	4.26E-04
	2	6745	7.51E-04	9	6805	1.85E-03	2	6750	4.48E-04
	3	6754	5.49E-04	10	6809	1.86E-03	3	6759	9.84E-04
	4	6763	7.68E-04	11	6813	1.83E-03	4	6769	1.12E-03
	5	6773	9.63E-04	12	6817	2.40E-03	5	6779	1.15E-03
	6	6782	3.66E-05	13	6822	1.94E-03	6	6788	1.10E-03
	7	6790	1.42E-03	14	6823	1.03E-03	7	6798	9.69E-04

续表 3-23

项目	巷道顶板						巷道底板		
	序号	节点号	离层宽度/m	序号	节点号	离层宽度/m	序号	节点号	离层宽度/m
安装顶帮锚杆	1	6814	1.20E-03	8	6878	2.27E-03	1	6821	4.28E-04
	2	6823	7.84E-04	9	6883	1.86E-03	2	6828	4.46E-04
	3	6832	5.65E-04	10	6887	1.89E-03	3	6837	9.89E-04
	4	6841	7.41E-04	11	6891	1.90E-03	4	6847	1.15E-03
	5	6851	1.09E-03	12	6895	2.31E-03	5	6857	1.16E-03
	6	6860	8.82E-04	13	6900	1.52E-03	6	6866	1.09E-03
	7	6868	1.44E-03	14	6901	9.33E-04	7	6876	9.69E-04

表 3-24 500m 埋深锚杆初始预紧力为 20t 时回采巷道顶底板离层情况

（水平地应力比 13∶13，锚杆长度 0.9m）

项目	巷道顶板			巷道底板		
	序号	节点号	离层宽度/m	序号	节点号	离层宽度/m
安装顶锚杆	1	6736	3.37E-03	1	6743	4.27E-04
	2	6745	1.58E-03	2	6750	4.46E-04
	3	6754	1.15E-03	3	6759	9.89E-04
	4	6763	1.63E-03	4	6769	1.15E-03
	5	6773	3.27E-03	5	6779	1.16E-03
	6	6782	1.65E-03	6	6788	1.09E-03
	7	6823	2.80E-03	7	6798	9.69E-04
安装顶帮锚杆	1	6814	3.38E-03	1	6821	4.27E-04
	2	6823	1.57E-03	2	6828	4.46E-04
	3	6832	1.14E-03	3	6837	9.89E-04

续表3-24

项目	巷 道 顶 板			巷 道 底 板		
	序 号	节点号	离层宽度/m	序 号	节点号	离层宽度/m
安装顶帮锚杆	4	6841	1.62E−03	4	6847	1.15E−03
	5	6851	3.28E−03	5	6857	1.16E−03
	6	6860	1.64E−03	6	6866	1.09E−03
	7	6901	2.81E−03	7	6876	9.69E−04

表 3-25　500m 埋深锚杆初始预紧力为 20t 时回采巷道顶底板离层情况
（水平地应力比 13:13，锚杆长度 1.2m）

项目	巷 道 顶 板			巷 道 底 板		
	序 号	节点号	离层宽度/m	序 号	节点号	离层宽度/m
安装顶锚杆	1	6784	3.42E−04	1	6743	4.26E−04
	2	6794	2.45E−04	2	6750	4.48E−04
				3	6759	9.84E−04
				4	6769	1.12E−03
				5	6779	1.15E−03
				6	6788	1.10E−03
				7	6798	9.68E−04
安装顶帮锚杆	1	6862	3.20E−04	1	6821	4.27E−04
	2	6872	2.26E−04	2	6828	4.49E−04
				3	6837	9.85E−04
				4	6847	1.12E−03
				5	6857	1.15E−03
				6	6866	1.10E−03
				7	6876	9.69E−04

表 3-26   500m 埋深锚杆初始预紧力为 20t 时回采巷道顶底板离层情况

（水平地应力比 13 : 13，锚杆长度 1.5m）

项目	巷 道 顶 板			巷 道 底 板		
	序　号	节点号	离层宽度/m	序　号	节点号	离层宽度/m
安装顶锚杆	1	6789	6.41E-06	1	6743	4.26E-04
				2	6750	4.48E-04
				3	6759	9.84E-04
				4	6769	1.12E-03
				5	6779	1.15E-03
				6	6788	1.10E-03
				7	6798	9.69E-04
安装顶帮锚杆	1	6867	2.73E-05	1	6821	4.27E-04
				2	6828	4.49E-04
				3	6837	9.85E-04
				4	6847	1.12E-03
				5	6857	1.15E-03
				6	6866	1.10E-03
				7	6876	9.69E-04

　　为了进一步探讨锚杆支护对巷道顶底板稳定性的影响，我们对回采巷道只加底锚杆时的情况进行分析。

　　在埋藏深度为 500m，只加长度为 1.8m 的底锚杆时，回采巷道顶底板的离层情况如表 3-27、表 3-28、表 3-29 和表 3-30 所示。当巷道顶底板都不加锚杆时，回采巷道顶板离层节点数为 21 个，底板离层节点数为 7 个。当底板锚杆初始预紧力从 4t 增加到 30t 时，顶板离层节点数基本上没有什么变化，说明，在此种软岩岩体中，加固巷道底板对加固顶板起不到很大作用，但是在预紧力为 4t 时，底板离层节点数为 8 个，要多于不安装锚杆时的底板离层节点数，通过计算模型切片分析，发现巷道顶底板岩体中存在层状弱面时，在原岩应力作用下，弱面将产生摩擦滑动，安装锚杆后，在锚杆提供的剪切抗力作用下将限制弱面的滑移，如果这时锚杆的初始预紧力较小，将使弱面产生弯曲变形。随着底板锚杆预紧力的增加，底板离层节点数逐渐减少，当加到 30t 时，底板离层节点基本闭合。因此，对于回采巷道顶底板岩层中存在层理面的情况下，安装的锚杆必须具有足够的预紧力，才能保持巷道的稳定性。

表 3-27　500m 埋深锚杆初始预紧力为 4t 时回采巷道顶底板离层情况

（水平地应力比 13∶13，锚杆长度 1.8m）

项目	巷道顶板						巷道底板		
	序号	节点号	离层宽度/m	序号	节点号	离层宽度/m	序号	节点号	离层宽度/m
安装底锚杆	1	6736	1.90E−03	12	6789	3.33E−03	1	6743	3.42E−04
	2	6742	2.50E−03	13	6790	6.55E−04	2	6750	3.69E−04
	3	6745	1.46E−03	14	6797	3.30E−03	3	6759	8.46E−04
	4	6751	2.56E−03	15	6800	1.75E−03	4	6769	9.73E−04
	5	6754	1.21E−03	16	6805	1.44E−03	5	6779	9.83E−04
	6	6760	2.36E−03	17	6809	1.44E−03	6	6788	9.42E−04
	7	6763	1.40E−03	18	6813	1.47E−03	7	6798	8.20E−04
	8	6770	2.58E−03	19	6817	1.81E−03	8	6820	1.21E−06
	9	6773	1.79E−03	20	6822	7.75E−04			
	10	6780	2.49E−03	21	6823	1.66E−03			
	11	6782	1.50E−03						

表 3-28 500m 埋深锚杆初始预紧力为 8t 时回采巷道顶底板离层情况

（水平地应力比 13 : 13，锚杆长度 1.8m）

项目				巷 道 顶 板			巷 道 底 板		
	序号	节点号	离层宽度/m	序号	节点号	离层宽度/m	序号	节点号	离层宽度/m
安装底锚杆	1	6736	1.90E-03	12	6789	3.33E-03	1	6743	2.31E-04
	2	6742	2.50E-03	13	6790	6.55E-04	2	6750	2.61E-04
	3	6745	1.46E-03	14	6797	3.30E-03	3	6759	7.27E-04
	4	6751	2.56E-03	15	6800	1.75E-03	4	6769	8.55E-04
	5	6754	1.21E-03	16	6805	1.44E-03	5	6779	8.69E-04
	6	6760	2.36E-03	17	6809	1.44E-03	6	6788	8.27E-04
	7	6763	1.40E-03	18	6813	1.47E-03	7	6798	7.00E-04
	8	6770	2.58E-03	19	6817	1.81E-03	8	6743	2.31E-04
	9	6773	1.79E-03	20	6822	7.75E-04			
	10	6780	2.49E-03	21	6823	1.66E-03			
	11	6782	1.50E-03						

表 3-29 500m 埋深锚杆初始预紧力为 20t 时回采巷道顶底板离层情况

（水平地应力比 13 : 13，锚杆长度 1.8m）

项目				巷 道 顶 板			巷 道 底 板		
	序号	节点号	离层宽度/m	序号	节点号	离层宽度/m	序号	节点号	离层宽度/m
安装底锚杆	1	6736	1.89E-03	12	6789	3.33E-03	1	6759	3.75E-04
	2	6742	2.50E-03	13	6790	6.55E-04	2	6769	5.01E-04
	3	6745	1.46E-03	14	6797	3.30E-03	3	6779	5.16E-04
	4	6751	2.56E-03	15	6800	1.75E-03	4	6788	4.66E-04
	5	6754	1.21E-03	16	6805	1.44E-03	5	6798	3.48E-04

项目	巷 道 顶 板						巷 道 底 板		
	序号	节点号	离层宽度/m	序号	节点号	离层宽度/m	序号	节点号	离层宽度/m
安装底锚杆	6	6760	2.36E－03	17	6809	1.44E－03			
	7	6763	1.40E－03	18	6813	1.47E－03			
	8	6770	2.58E－03	19	6817	1.81E－03			
	9	6773	1.79E－03	20	6822	7.75E－04			
	10	6780	2.49E－03	21	6823	1.66E－03			
	11	6782	1.50E－03						

表 3-30　500m 埋深锚杆初始预紧力为 25t 时回采巷道顶底板离层情况

（水平地应力比 13∶13，锚杆长度 1.8m）

项目	巷 道 顶 板						巷 道 底 板		
	序号	节点号	离层宽度/m	序号	节点号	离层宽度/m	序号	节点号	离层宽度/m
安装顶锚杆	1	6736	1.89E－03	12	6789	3.33E－03	1	6759	1.07E－05
	2	6742	2.50E－03	13	6790	6.55E－04	2	6769	2.05E－06
	3	6745	1.46E－03	14	6797	3.30E－03	3	6779	2.19E－06
	4	6751	2.56E－03	15	6800	1.75E－03	4	6788	1.69E－05
	5	6754	1.21E－03	16	6805	1.44E－03	5	6798	7.83E－05
	6	6760	2.36E－03	17	6809	1.44E－03			
	7	6763	1.40E－03	18	6813	1.47E－03			
	8	6770	2.58E－03	19	6817	1.81E－03			
	9	6773	1.79E－03	20	6822	7.75E－04			
	10	6780	2.49E－03	21	6823	1.66E－03			
	11	6782	1.50E－03						

　　分析巷道锚杆各种支护结构不同预紧力时，巷道顶底板岩层中离层产生和闭合情况。我们发现，巷道顶底板围岩中离层的产生与岩层性质、地应力状态、锚杆支护结构和锚杆初始预紧力大小等因素有关。顶底板围岩中含有层状节理、水平弱面、不同岩性分界面、地质不整合面时容易产生离层。顶锚杆可以有效控制顶板离层，底锚杆也可以有效控制底板离层。但是，底锚杆难于有效控制顶板围岩中的离层，顶锚杆同样也不易控制底板围岩中的离层。巷道围岩中的岩石弹性模量越高、岩石中节理裂隙的刚度系数越高，要有效控制围岩中的离层所需的锚杆初始预紧力就越大。无预应力锚杆和低预应力锚杆难于控制高水平地应力条件下回采巷道顶底板围岩的离层。因此，在构造应力场为主的矿区采用无煤柱连续开采工艺时，回采巷道顶底板支护应采用高强度、高预应力锚杆支护。

3.4.4.2　300m 埋深时不同锚杆长度支护结构下巷道围岩离层分析

　　为了进一步分析埋藏深度对回采巷道锚杆支护稳定性的影响。假设 2092 工作面区域的水平地应力大小和方向不变，而埋藏深度由原来的 500m 减小到 300m。我们分析在这种条件下回采巷道成巷前，不同锚杆长度支护结构和不同初始预应力对巷道稳定性的影响。由于埋藏深度的减小使巷道四周围岩应力减小，从而使回采巷道顶板离层现象有所减轻。表 3-31 所示为水平地应力为 13 : 13、初始预紧力为 4t 时、锚杆长度为 0.6m 时的顶板离层节点数情况。当锚杆长度为 0.6m 时，回采巷道顶板离层节点数为 15 个，并且这些离层节点都在锚杆长度范围之外，与埋藏深度为 500m 时顶板离层节点数相比没有什么变化，但是顶板离层的裂隙宽度却大大减小，从而说明随着巷道埋藏深度的减小，巷道顶板的垂直应力大大降低，使回采巷道顶板的稳定性大大提高。锚杆长度为 1.2m 时，如表 3-32 所示。回采巷道顶板离层节点数为 4 个，并且这些离层节点都在锚杆长度范围之外，与埋藏深度为

500m 时顶板离层节点数相比，离层节点数由 14 个减少到 4 个，这说明当巷道埋藏深度较浅时，有利于巷道的稳定，巷道顶板的离层大量减小。当锚杆长度为 2.1m 时，如表 3-33 所示。回采巷道顶板离层节点数为 12 个，并且都在锚杆长度范围之内，与 500m 埋深时相比，离层节点数目减少 8 个，从而可以说明随着回采巷道埋深的减小，巷道顶底板压应力减小，从而有利于回采巷道的稳定。

表 3-31　300m 埋深锚杆初始预紧力为 4t 时回采巷道顶底板离层情况

（水平地应力比 13：13，锚杆长度 0.6m）

项目	巷道顶板						巷道底板		
	序号	节点号	离层宽度/m	序号	节点号	离层宽度/m	序号	节点号	离层宽度/m
安装顶锚杆	1	6736	1.11E－03	9	6800	9.83E－04	1	6743	1.93E－04
	2	6745	4.66E－04	10	6805	1.15E－03	2	6750	2.00E－04
	3	6754	2.07E－04	11	6809	1.24E－03	3	6759	5.60E－04
	4	6763	3.18E－04	12	6813	1.25E－03	4	6769	6.48E－04
	5	6773	8.30E－04	13	6817	1.39E－03	5	6779	6.57E－04
	6	6782	8.29E－04	14	6822	4.52E－04	6	6788	6.31E－04
	7	6784	1.67E－06	15	6823	7.88E－04	7	6798	5.52E－04
	8	6790	2.13E－04						
安装顶帮锚杆	1	6814	1.10E－03	9	6878	9.91E－04	1	6821	1.93E－04
	2	6823	4.53E－04	10	6883	1.16E－03	2	6828	2.00E－04
	3	6832	1.95E－04	11	6887	1.25E－03	3	6837	5.61E－04
	4	6841	3.06E－04	12	6891	1.26E－03	4	6847	6.48E－04
	5	6851	8.18E－04	13	6895	1.40E－03	5	6857	6.58E－04
	6	6860	8.27E－04	14	6900	4.59E－04	6	6866	6.32E－04
	7	6862	7.45E－07	15	6901	7.79E－04	7	6876	5.53E－04
	8	6868	2.19E－04						

表 3-32 300m 埋深锚杆初始预紧力为 4t 时回采巷道顶底板离层情况

（水平地应力比 13：13，锚杆长度 1.2m）

项目	巷 道 顶 板			巷 道 底 板		
	序 号	节点号	离层宽度/m	序 号	节点号	离层宽度/m
安装顶锚杆	1	6767	6.21E−04	1	6743	1.93E−04
	2	6777	8.45E−04	2	6750	2.00E−04
	3	6784	1.65E−03	3	6759	5.60E−04
	4	6794	9.00E−04	4	6769	6.47E−04
				5	6779	6.57E−04
				6	6788	6.31E−04
				7	6798	5.52E−04
安装顶帮锚杆	1	6845	6.07E−04	1	6821	1.93E−04
	2	6855	8.33E−04	2	6828	2.00E−04
	3	6862	1.63E−03	3	6837	5.61E−04
	4	6872	8.87E−04	4	6847	6.48E−04
				5	6857	6.58E−04
				6	6866	6.32E−04
				7	6876	5.53E−04

随着锚杆初始预紧力的增大，随着锚杆长度的不断增加，回采巷道顶板离层节点数与锚杆初始预紧力为 4t 时相比都有不同程度的减小，并且离层宽度也大大减小。当锚杆初始预紧力达到 18t，锚杆长度为 2.1m 时，回采巷道顶板离层基本闭合。从巷道围岩强度强化理论观点可知，锚杆初始预紧力越高，锚固体极限强度强化系数和残余强度强化系数越大，锚固体的力学性能越能得到更好的改善，围岩变形能够更好地得到控制。顶板采用高强度、高预紧力锚杆进行支护，

不仅提高了锚杆的安全可靠性，而且由于锚杆对锚固区域围岩进行整体约束，使锚杆支护系统刚度增大，顶板变形量显著减小，顶板离层节点数大量减小，从而能够更好地增强回采巷道围岩的稳定性。

表3-33　300m埋深锚杆初始预紧力为4t时回采巷道顶底板离层情况

（水平地应力比13：13，锚杆长度2.1m）

项目	巷道顶板						巷道底板		
	序号	节点号	离层宽度/m	序号	节点号	离层宽度/m	序号	节点号	离层宽度/m
安装顶锚杆	1	6736	1.07E-03	8	6789	5.08E-06	1	6743	1.93E-04
	2	6745	6.94E-04	9	6797	1.07E-05	2	6750	2.00E-04
	3	6754	3.24E-05	10	6809	8.48E-06	3	6759	5.60E-04
	4	6763	7.73E-04	11	6817	2.77E-06	4	6769	6.48E-04
	5	6773	1.28E-03	12	6823	2.33E-04	5	6779	6.57E-04
	6	6782	4.80E-04				6	6788	6.31E-04
	7	6784	6.90E-05				7	6798	5.53E-04
安装顶帮锚杆	1	6814	1.07E-03	8	6867	5.62E-06	1	6821	1.93E-04
	2	6823	6.94E-04	9	6875	1.12E-05	2	6828	2.00E-04
	3	6832	3.25E-05	10	6887	8.82E-06	3	6837	5.61E-04
	4	6841	7.75E-04	11	6895	3.08E-06	4	6847	6.49E-04
	5	6851	1.28E-03	12	6901	2.38E-04	5	6857	6.58E-04
	6	6860	4.83E-04				6	6866	6.32E-04
	7	6862	5.68E-05				7	6876	5.53E-04

3.4.5　第二种地应力条件下回采巷道不同锚杆支护时巷道离层分析

以上我们分析了某矿原岩最大和最小水平地应力都为13.0MPa条件下——我们称这种地应力为第一种地应力条件。回采巷道不同埋藏深度时，各种锚杆支护结构巷道稳定性，在一定原岩水平地应力、一定的围岩力学性质条件下，巷道埋藏深度不同，锚杆长度不同，回采巷道的破坏形式不同，要求的锚杆支护结构也不一样。为了掌握各种不同原岩地应力条件下回采巷道的破坏形式，探索不同锚杆长度，不同初始预紧力条件下巷道锚杆支护的合理支护方式。我们进一步分析不同原岩地应力条件下，回采巷道不同锚杆长度，不同锚杆初始预紧力条件下，回采巷道顶底板离层情况，分析合理锚杆支护结构及巷道的稳定性。

假设所分析巷道的围岩力学性质、巷道走向与第一种地应力条件相同。下面分析第二种地应力条件下，即最大水平主应力为26.0MPa，另一水平主应力为13.0MPa，回采巷道锚杆支护的稳定性。

3.4.5.1 500m 埋深时不同锚杆长度支护结构下巷道围岩离层分析

随着最大水平主应力的增加，使巷道顶底板围岩所受到的水平应力增加，从而增加了回采巷道的维护难度。下面我们分析巷道埋藏深度500m、两水平地应力比值为26∶13、不同锚杆初始预紧力、不同锚杆长度下巷道顶底板岩层离层情况。当锚杆初始预紧力为4t时，随着锚杆长度的不断变化，回采巷道顶底板的离层节点数目的变化与第一种地应力条件500m埋深时的变化趋势基本相同，但是节点的离层宽度都有不同程度的减小，如表3-34～表3-39所示，并且，锚杆长度也为0.6m时，锚杆长度范围之内的离层都被压合。锚杆长度达到0.9m时，回采巷道离层节点数目为9个，其中有2个离层没有被压合。当锚杆长度为1.2m时，此时的顶板离层节点数比第一种地应力条件下的节点离层数少4个，经以上分析得知，随着水平地应力的增加，使巷道顶底板所受的水平应力增加，随着锚杆初始预紧力的增加，巷道顶底板离层逐渐闭合。当锚杆长度达到2.1m时，回采巷道顶板离层节点数为16个，与第一种地应力条件下500m埋深时相比离层节点数减小 4 个，并且其他的离层节点宽度都有减小，从而证明随着水平应力的增加，在一定程度上可以减小离层，有利于巷道的稳定性。在锚杆初始预紧力达到 8t 时，回采巷道顶板锚杆范围内的离层节点基本都被压合，如锚杆长度为 0.9m 时，如表 3-40 所示。锚杆长度范围内的离层节点都被压合，但在锚杆长度范围以外的 7 个离层仍然存在，这就需要进一步加大锚杆长度和加大锚杆初始预紧力来控制巷道顶板的离层。锚杆长度为 2.1m 时的情况如表 3-41 所示。此时，回采巷道顶板离层节点数仍为 16 个，与锚杆初始预紧力为 4t 时相比离层数目没有变化只是离层宽度都有不同程度的减小，因此，只有加足够的锚杆初始预紧力，才能大幅度地减小巷道顶板的离层。模拟表明，当锚杆长度为 2.1m 时，锚杆初始预紧力达到 20t 时，回采巷道顶板的离层基本被完全压合。

表 3-34 500m 埋深锚杆初始预紧力为 4t 时回采巷道顶底板离层情况

（水平地应力比 26:13，锚杆长度 0.6m）

项目		巷 道 顶 板						巷 道 底 板		
	序号	节点号	离层宽度/m	序号	节点号	离层宽度/m	序号	节点号	离层宽度/m
安装顶锚杆	1	6736	9.61E-04	8	6800	2.40E-03	1	6743	3.80E-04
	2	6745	5.65E-04	9	6805	1.84E-03	2	6750	3.98E-04
	3	6754	4.05E-04	10	6809	1.83E-03	3	6759	9.65E-04
	4	6763	5.97E-04	11	6813	1.85E-03	4	6769	1.12E-03
	5	6773	9.20E-04	12	6817	2.31E-03	5	6779	1.14E-03
	6	6782	7.24E-04	13	6822	1.65E-03	6	6788	1.09E-03
	7	6790	1.65E-03	14	6823	9.40E-04	7	6798	9.48E-04
安装顶帮锚杆	1	6814	9.44E-04	8	6878	2.41E-03	1	6821	3.81E-04
	2	6823	5.50E-04	9	6883	1.85E-03	2	6828	3.99E-04
	3	6832	3.89E-04	10	6887	1.84E-03	3	6837	9.66E-04

项	\multicolumn{6}{c}{巷 道 顶 板}	\multicolumn{3}{c}{巷 道 底 板}
目	序号	节点号	离层宽度/m	序号	节点号	离层宽度/m	序号	节点号	离层宽度/m
安装顶帮锚杆	4	6841	5.81E－04	11	6891	1.86E－03	4	6847	1.12E－03
	5	6851	9.02E－04	12	6895	2.32E－03	5	6857	1.14E－03
	6	6860	7.07E－04	13	6900	1.66E－03	6	6866	1.09E－03
	7	6868	1.65E－03	14	6901	9.23E－04	7	6876	9.49E－04

表3-35　500m 埋深锚杆初始预紧力为4t 时回采巷道顶底板离层情况

（水平地应力比26∶13，锚杆长度0.9m）

项	\multicolumn{6}{c}{巷 道 顶 板}	\multicolumn{3}{c}{巷 道 底 板}
目	序号	节点号	离层宽度/m	序号	节点号	离层宽度/m	序号	节点号	离层宽度/m
安装顶锚杆	1	6736	2.75E－03	8	6797	5.80E－06	1	6743	3.85E－04
	2	6745	1.89E－03	9	6823	1.92E－03	2	6750	4.01E－04
	3	6754	1.61E－03				3	6759	9.65E－04
	4	6763	1.88E－03				4	6769	1.11E－03
	5	6773	2.47E－03				5	6779	1.13E－03
	6	6782	1.87E－03				6	6788	1.09E－03
	7	6789	9.98E－05				7	6798	9.51E－04
安装顶帮锚杆	1	6814	2.74E－03	8	6875	2.43E－05	1	6821	3.86E－04
	2	6823	1.88E－03	9	6901	1.91E－03	2	6828	4.02E－04
	3	6832	1.61E－03				3	6837	9.66E－04
	4	6841	1.87E－03				4	6847	1.11E－03
	5	6851	2.47E－03				5	6857	1.13E－03
	6	6860	1.85E－03				6	6866	1.09E－03
	7	6867	1.18E－04				7	6876	9.51E－04

表 3-36　500m 埋深锚杆初始预紧力为 4t 时回采巷道顶底板离层情况

（水平地应力比 26∶13，锚杆长度 1.2m）

项目	巷道顶板						巷道底板		
	序号	节点号	离层宽度/m	序号	节点号	离层宽度/m	序号	节点号	离层宽度/m
安装顶锚杆	1	6767	2.05E-04	8	6797	5.11E-04	1	6743	3.80E-04
	2	6770	2.94E-04	9	6800	8.49E-06	2	6750	3.98E-04
	3	6777	4.19E-06	10	6817	1.30E-04	3	6759	9.65E-04
	4	6780	1.07E-05				4	6769	1.12E-03
	5	6784	6.75E-04				5	6779	1.14E-03
	6	6789	7.53E-04				6	6788	1.09E-03
	7	6794	6.09E-04				7	6798	9.48E-04
安装顶帮锚杆	1	6829	1.00E-06	8	6872	5.92E-04	1	6821	3.81E-04
	2	6845	2.14E-04	9	6875	5.30E-04	2	6828	3.99E-04
	3	6848	3.21E-04	10	6878	1.30E-06	3	6837	9.66E-04
	4	6855	2.86E-06	11	6895	1.11E-04	4	6847	1.12E-03
	5	6858	3.44E-05				5	6857	1.14E-03
	6	6862	6.52E-04				6	6866	1.09E-03
	7	6867	7.73E-04				7	6876	9.48E-04

表 3-37　500m 埋深锚杆初始预紧力为 4t 时回采巷道顶底板离层情况

（水平地应力比 26∶13，锚杆长度 1.5m）

项目	巷道顶板						巷道底板		
	序号	节点号	离层宽度/m	序号	节点号	离层宽度/m	序号	节点号	离层宽度/m
安装顶锚杆	1	6742	3.19E-05	9	6797	1.03E-03	1	6743	3.80E-04
	2	6751	3.39E-04	10	6800	8.58E-04	2	6750	3.98E-04

项目	巷 道 顶 板						巷 道 底 板		
	序号	节点号	离层宽度/m	序号	节点号	离层宽度/m	序号	节点号	离层宽度/m
安装顶锚杆	3	6760	2.01E－04	11	6805	4.97E－04	3	6759	9.65E－04
	4	6770	3.59E－04	12	6813	8.05E－05	4	6769	1.12E－03
	5	6773	4.40E－06	13	6817	7.48E－04	5	6779	1.14E－03
	6	6780	8.14E－05	14	6823	3.20E－05	6	6788	1.09E－03
	7	6782	4.52E－04	15	6742	3.19E－05	7	6798	9.48E－04
	8	6789	1.15E－03						
安装顶帮锚杆	1	6820	6.33E－05	8	6867	1.16E－03	1	6821	3.81E－04
	2	6829	3.56E－04	9	6875	1.07E－03	2	6828	3.99E－04
	3	6838	2.30E－04	10	6878	8.34E－04	3	6837	9.66E－04
	4	6848	4.25E－04	11	6883	5.07E－04	4	6847	1.12E－03
	5	6851	4.07E－06	12	6891	3.77E－06	5	6857	1.14E－03
	6	6858	1.10E－04	13	6895	7.44E－04	6	6866	1.09E－03
	7	6860	4.38E－04	14	6901	3.18E－05	7	6876	9.48E－04

表 3-38　500m 埋深锚杆初始预紧力为 4t 时回采巷道顶底板离层情况

（水平地应力比 26：13，锚杆长度 1.8m）

项目	巷 道 顶 板						巷 道 底 板		
	序号	节点号	离层宽度/m	序号	节点号	离层宽度/m	序号	节点号	离层宽度/m
安装顶锚杆	1	6736	1.57E－05	9	6789	1.17E－03	1	6743	3.80E－04
	2	6742	1.59E－04	10	6797	1.13E－03	2	6750	3.98E－04
	3	6751	4.71E－04	11	6800	9.90E－04	3	6759	9.65E－04
	4	6760	3.44E－04	12	6805	5.30E－04	4	6769	1.12E－03

项目		巷道顶板						巷道底板	
	序号	节点号	离层宽度/m	序号	节点号	离层宽度/m	序号	节点号	离层宽度/m
安装顶锚杆	5	6770	5.47E-04	13	6809	3.49E-04	5	6779	1.14E-03
	6	6773	3.64E-05	14	6813	5.59E-04	6	6788	1.09E-03
	7	6780	2.14E-04	15	6817	1.33E-03	7	6798	9.48E-04
	8	6782	1.08E-04	16	6823	8.09E-04			
安装顶帮锚杆	1	6814	1.51E-05	9	6867	1.18E-03	1	6821	3.81E-04
	2	6820	1.81E-04	10	6875	1.15E-03	2	6828	3.99E-04
	3	6829	4.96E-04	11	6878	9.89E-04	3	6837	9.66E-04
	4	6838	3.68E-04	12	6883	5.41E-04	4	6847	1.12E-03
	5	6848	5.70E-04	13	6887	3.49E-04	5	6857	1.14E-03
	6	6851	3.59E-05	14	6891	5.58E-04	6	6866	1.09E-03
	7	6858	2.36E-04	15	6895	1.33E-03	7	6876	9.49E-04
	8	6860	9.75E-05	16	6901	8.06E-04			

表 3-39 500m 埋深锚杆初始预紧力为 4t 时回采巷道顶底板离层情况

（水平地应力比 26：13，锚杆长度 2.1m）

项目		巷道顶板						巷道底板	
	序号	节点号	离层宽度/m	序号	节点号	离层宽度/m	序号	节点号	离层宽度/m
安装顶锚杆	1	6736	1.51E-03	11	6782	8.44E-04	1	6743	3.81E-04
	2	6742	2.92E-04	12	6789	1.21E-03	2	6750	3.98E-04
	3	6745	7.64E-05	13	6797	1.08E-03	3	6759	9.66E-04
	4	6751	5.73E-04	14	6800	9.17E-04	4	6769	1.12E-03
	5	6754	1.70E-04	15	6805	5.44E-04	5	6779	1.14E-03

项目	巷 道 顶 板						巷 道 底 板		
	序号	节点号	离层宽度/m	序号	节点号	离层宽度/m	序号	节点号	离层宽度/m
安装顶锚杆	6	6760	4.39E-04	16	6809	5.56E-04	6	6788	1.09E-03
	7	6763	1.65E-04	17	6813	6.37E-04	7	6798	9.48E-04
	8	6770	6.28E-04	18	6817	9.78E-04			
	9	6773	1.28E-03	19	6823	1.44E-03			
	10	6780	2.57E-04						
安装顶帮锚杆	1	6814	1.51E-03	11	6860	8.35E-04	1	6821	3.81E-04
	2	6820	3.12E-04	12	6867	1.23E-03	2	6828	3.99E-04
	3	6823	6.27E-05	13	6875	1.10E-03	3	6837	9.67E-04
	4	6829	5.97E-04	14	6878	9.19E-04	4	6847	1.12E-03
	5	6832	1.59E-04	15	6883	5.47E-04	5	6857	1.14E-03
	6	6838	4.63E-04	16	6887	5.58E-04	6	6866	1.10E-03
	7	6841	1.54E-04	17	6891	6.40E-04	7	6876	9.49E-04
	8	6848	6.52E-04	18	6895	9.81E-04			
	9	6851	1.27E-03	19	6901	1.43E-03			
	10	6858	2.80E-04						

表3-40 500m埋深锚杆初始预紧力为8t时回采巷道顶底板离层情况

（水平地应力比26：13，锚杆长度0.9m）

项目	巷 道 顶 板			巷 道 底 板		
	序 号	节点号	离层宽度/m	序 号	节点号	离层宽度/m
安装顶锚杆	1	6736	2.26E-03	1	6743	3.80E-04
	2	6745	1.59E-03	2	6750	3.98E-04

项目	巷 道 顶 板			巷 道 底 板		
	序 号	节点号	离层宽度/m	序 号	节点号	离层宽度/m
安装顶锚杆	3	6754	1.34E-03	3	6759	9.65E-04
	4	6763	1.56E-03	4	6769	1.12E-03
	5	6773	2.12E-03	5	6779	1.14E-03
	6	6782	1.70E-03	6	6788	1.09E-03
	7	6823	1.86E-03	7	6798	9.48E-04
安装顶帮锚杆	1	6814	2.25E-03	1	6821	3.81E-04
	2	6823	1.58E-03	2	6828	3.99E-04
	3	6832	1.33E-03	3	6837	9.66E-04
	4	6841	1.55E-03	4	6847	1.12E-03
	5	6851	2.11E-03	5	6857	1.14E-03
	6	6860	1.69E-03	6	6866	1.09E-03
	7	6901	1.85E-03	7	6876	9.48E-04

表3-41 500m埋深锚杆初始预紧力为8t时回采巷道顶底板离层情况

（水平地应力比26:13，锚杆长度2.1m）

项目	巷 道 顶 板						巷 道 底 板		
	序号	节点号	离层宽度/m	序号	节点号	离层宽度/m	序号	节点号	离层宽度/m
安装顶锚杆	1	6736	3.74E-04	9	6789	1.14E-03	1	6743	3.81E-04
	2	6742	4.56E-05	10	6797	1.03E-03	2	6750	3.98E-04
	3	6751	3.93E-04	11	6800	7.64E-04	3	6759	9.66E-04
	4	6760	2.56E-04	12	6805	4.06E-04	4	6769	1.12E-03
	5	6770	3.93E-04	13	6809	3.89E-04	5	6779	1.14E-03

项目	巷道顶板						巷道底板		
	序号	节点号	离层宽度/m	序号	节点号	离层宽度/m	序号	节点号	离层宽度/m
安装顶锚杆	6	6773	4.29E-04	14	6813	4.43E-04	6	6788	1.09E-03
	7	6780	2.89E-06	15	6817	8.24E-04	7	6798	9.48E-04
	8	6782	9.93E-04	16	6823	8.91E-04			
安装顶帮锚杆	1	6814	3.63E-04	9	6867	1.17E-03	1	6821	3.81E-04
	2	6820	6.69E-05	10	6875	1.05E-03	2	6828	3.99E-04
	3	6829	4.16E-04	11	6878	7.72E-04	3	6837	9.67E-04
	4	6838	2.75E-04	12	6883	4.18E-04	4	6847	1.12E-03
	5	6848	4.25E-04	13	6887	4.00E-04	5	6857	1.14E-03
	6	6851	4.12E-04	14	6891	4.37E-04	6	6866	1.10E-03
	7	6858	1.07E-04	15	6895	7.92E-04	7	6876	9.49E-04
	8	6860	9.80E-04	16	6901	8.82E-04			

3.4.5.2　700m 埋深时不同锚杆长度支护结构下巷道围岩离层分析

为了进一步分析随着埋藏深度的增加，不同锚杆长度，不同锚杆初始预紧力下回采巷道的稳定性。我们讨论水平地应力为 26∶13、埋藏深度为 700m 时的回采巷道顶底板的离层情况。

根据国内外很多人在世界各地对岩体初始应力分布规律的研究，一般认为岩体应力随着深度增加而呈线性增加。岩体埋藏深度增加使原岩垂直应力分量增大，由于采空区的影响，使回采巷道处于垂直应力升高区内。从而使回采巷道顶板的离层不容易得到控制，对巷道的稳定极为不利。下面我们就通过具体分析回采巷道不同锚杆长度支护结构下巷道顶底板的离层情况来研究回采巷道的稳定性。

当锚杆初始预紧力为 4t，锚杆长度为 0.9m 时，如表 3-42 所示。

回采巷道顶板的离层数目为 9 个，其中 6789 号和 6797 号节点在锚杆长度范围之内，离层宽度最大为 4.14mm。当锚杆长度为 1.2m 时，如表 3-43 所示。回采巷道顶板离层数目为 15 个，其中有 8 个离层在锚杆长度范围之内，有 7 个离层在锚杆长度范围之外，离层最大宽度为 1.87mm。当锚杆长度为 2.1m 时，如表 3-44 所示。此时回采巷道顶板离层数目为 21 个，并且都在锚杆长度范围之内，离层最大宽度为 2.8mm。由上可知，随着锚杆长度的增大，锚杆长度范围内的离层不能够被压合，说明锚杆初始预紧力不够大。与埋藏深度为 500m 时相比，无论是回采巷道顶板离层数目还是最大离层宽度，埋藏深度为 700m 比埋藏深度为 500m 时都要大，可见随着埋藏深度的增大，回采巷道顶板的离层不容易得到有效的控制。

　　进一步加大锚杆初始预紧力达到 8t 时，虽然回采巷道顶板的离层宽度有不同程度的减小，但是回采巷道顶板的离层数目基本不变，对回采巷道顶板的离层控制作用不大，主要原因是随着回采巷道埋藏深度的增大，巷道顶底板所受垂直应力增大，如果锚杆初始预紧力不够大，就不能够有效地控制巷道顶底板的离层。表 3-45 和表 3-46 所示的锚杆长度分别为 1.2m 和 2.1m 时的回采巷道顶板离层情况。

　　经过进一步模拟计算加大锚杆初始预紧力，我们分析不同锚杆长度时的回采巷道顶板离层情况。当锚杆长度为 0.9m 时，锚杆初始预紧力为 30t 时，回采巷道顶板离层数目为 7 个，经分析都在锚杆长度范围之外，可见，无论锚杆初始预紧力加到多大，都不能控制锚杆长度范围之外的离层，必须加大锚杆长度才可能控制回采巷道顶板的离层，从而增强围岩的稳定性。当锚杆长度达到 2.1m 时锚杆初始预紧力达到 35t 时，回采巷道顶板离层基本被控制，此时，锚杆长度范围之外没有离层，锚杆长度范围之内的离层只有 1 个没有被压合，可见，虽然锚杆初始预紧力达到了 35t，但是仍旧不能完全有效地控制巷道顶板的稳定性。要维护巷道的稳定，需要继续增强支护强度。由于锚杆预紧力已经达到强度极限，要增加锚杆支护强度应该考虑增加每排的锚杆数量或减小锚杆排间距。

表 3-42 700m 埋深锚杆初始预紧力为 4t 时回采巷道顶底板离层情况

（水平地应力比 26∶13，锚杆长度 0.9m）

项目	巷 道 顶 板						巷 道 底 板		
	序号	节点号	离层宽度/m	序号	节点号	离层宽度/m	序号	节点号	离层宽度/m
安装顶锚杆	1	6736	4.14E−03	8	6797	2.06E−03	1	6743	5.93E−04
	2	6745	3.13E−03	9	6823	4.05E−03	2	6750	6.14E−04
	3	6754	2.94E−03				3	6759	1.38E−03
	4	6763	3.23E−03				4	6769	1.60E−03
	5	6773	4.73E−03				5	6779	1.62E−03
	6	6782	4.09E−03				6	6788	1.55E−03
	7	6789	2.01E−03				7	6798	1.36E−03
安装顶帮锚杆	1	6814	4.12E−03	8	6875	2.08E−03	1	6821	5.94E−04
	2	6823	3.12E−03	9	6901	4.02E−03	2	6828	6.15E−04
	3	6832	2.92E−03				3	6837	1.38E−03
	4	6841	3.22E−03				4	6847	1.60E−03
	5	6851	4.72E−03				5	6857	1.62E−03
	6	6860	4.07E−03				6	6866	1.55E−03
	7	6867	2.03E−03				7	6876	1.36E−03

表 3-43 700m 埋深锚杆初始预紧力为 4t 时回采巷道顶底板离层情况

（水平地应力比 26∶13，锚杆长度 1.2m）

项目	巷 道 顶 板						巷 道 底 板		
	序号	节点号	离层宽度/m	序号	节点号	离层宽度/m	序号	节点号	离层宽度/m
安装顶锚杆	1	6740	9.75E−06	9	6780	3.95E−04	1	6743	5.86E−04

项目	巷 道 顶 板						巷 道 底 板		
	序号	节点号	离层宽度/m	序号	节点号	离层宽度/m	序号	节点号	离层宽度/m
安装顶锚杆	2	6742	3.36E-04	10	6784	1.68E-03	2	6750	6.09E-04
	3	6751	6.60E-04	11	6789	1.87E-03	3	6759	1.37E-03
	4	6758	2.99E-06	12	6794	5.93E-04	4	6769	1.61E-03
	5	6760	4.51E-04	13	6797	1.71E-03	5	6779	1.63E-03
	6	6767	7.68E-04	14	6800	8.77E-04	6	6788	1.55E-03
	7	6770	7.01E-04	15	6817	5.62E-04	7	6798	1.36E-03
	8	6777	6.77E-04						
安装顶帮锚杆	1	6818	7.97E-06	9	6858	4.24E-04	1	6821	5.87E-04
	2	6820	3.59E-04	10	6862	1.64E-03	2	6828	6.10E-04
	3	6829	6.93E-04	11	6867	1.89E-03	3	6837	1.38E-03
	4	6836	1.11E-06	12	6872	5.66E-04	4	6847	1.61E-03
	5	6838	4.82E-04	13	6875	1.72E-03	5	6857	1.63E-03
	6	6845	7.37E-04	14	6878	8.85E-04	6	6866	1.55E-03
	7	6848	7.31E-04	15	6895	5.63E-04	7	6876	1.36E-03
	8	6855	6.42E-04						

表3-44　700m埋深锚杆初始预紧力为4t时回采巷道顶底板离层情况

（水平地应力比26：13，锚杆长度2.1m）

项目	巷 道 顶 板						巷 道 底 板		
	序号	节点号	离层宽度/m	序号	节点号	离层宽度/m	序号	节点号	离层宽度/m
安装顶锚杆	1	6736	2.42E-03	12	6784	2.30E-05	1	6743	5.86E-04
	2	6742	4.24E-04	13	6789	2.21E-03	2	6750	6.09E-04

续表3-44

项目	序号	节点号	离层宽度/m	序号	节点号	离层宽度/m	序号	节点号	离层宽度/m
		巷道顶板						巷道底板	
安装顶锚杆	3	6745	2.24E-03	14	6797	1.84E-03	3	6759	1.38E-03
	4	6751	9.68E-04	15	6800	1.30E-03	4	6769	1.61E-03
	5	6754	7.17E-04	16	6805	8.98E-04	5	6779	1.63E-03
	6	6760	7.71E-04	17	6809	8.78E-04	6	6788	1.55E-03
	7	6763	1.29E-03	18	6813	8.91E-04	7	6798	1.36E-03
	8	6770	9.96E-04	19	6817	1.34E-03			
	9	6773	2.02E-03	20	6822	3.66E-06			
	10	6780	5.96E-04	21	6823	1.76E-03			
	11	6782	2.80E-03						
安装顶帮锚杆	1	6814	2.41E-03	12	6862	2.24E-05	1	6821	5.87E-04
	2	6820	4.55E-04	13	6867	2.24E-03	2	6828	6.10E-04
	3	6823	2.24E-03	14	6875	1.87E-03	3	6837	1.38E-03
	4	6829	1.00E-03	15	6878	1.31E-03	4	6847	1.61E-03
	5	6832	6.99E-04	16	6883	9.04E-04	5	6857	1.63E-03
	6	6838	8.04E-04	17	6887	8.83E-04	6	6866	1.55E-03
	7	6841	1.28E-03	18	6891	8.96E-04	7	6876	1.36E-03
	8	6848	1.03E-03	19	6895	1.35E-03			
	9	6851	2.00E-03	20	6900	3.89E-06			
	10	6858	6.28E-04	21	6901	1.74E-03			
	11	6860	2.79E-03						

表 3-45 700m 埋深锚杆初始预紧力为 8t 时回采巷道顶底板离层情况

（水平地应力比 26：13，锚杆长度 1.2m）

项目	巷 道 顶 板						巷 道 底 板		
	序号	节点号	离层宽度/m	序号	节点号	离层宽度/m	序号	节点号	离层宽度/m
安装顶锚杆	1	6740	1.60E−06	8	6780	1.94E−04	1	6743	5.86E−04
	2	6742	1.45E−05	9	6784	1.36E−03	2	6750	6.09E−04
	3	6751	4.75E−04	10	6789	1.27E−03	3	6759	1.37E−03
	4	6760	9.25E−06	11	6794	1.11E−03	4	6769	1.61E−03
	5	6767	9.66E−04	12	6797	9.02E−04	5	6779	1.63E−03
	6	6770	5.47E−04	13	6800	1.75E−04	6	6788	1.55E−03
	7	6777	5.66E−04	14	6817	7.54E−04	7	6798	1.36E−03
安装顶帮锚杆	1	6820	4.62E−05	8	6862	1.33E−03	1	6821	5.87E−04
	2	6829	5.04E−04	9	6867	1.30E−03	2	6828	6.10E−04
	3	6838	1.04E−05	10	6872	1.08E−03	3	6837	1.38E−03
	4	6845	9.34E−04	11	6875	9.30E−04	4	6847	1.61E−03
	5	6848	5.75E−04	12	6878	1.68E−03	5	6857	1.63E−03
	6	6855	5.33E−04	13	6895	7.53E−04	6	6866	1.55E−03
	7	6858	2.26E−04				7	6876	1.36E−03

表 3-46 700m 埋深锚杆初始预紧力为 8t 时回采巷道顶底板离层情况

（水平地应力比 26：13，锚杆长度 2.1m）

项目	巷 道 顶 板						巷 道 底 板		
	序号	节点号	离层宽度/m	序号	节点号	离层宽度/m	序号	节点号	离层宽度/m
安装顶锚杆	1	6736	1.56E−03	11	6782	3.31E−03	1	6743	5.85E−04
	2	6742	2.83E−04	12	6789	1.95E−03	2	6750	6.11E−04

项目	巷道顶板						巷道底板		
	序号	节点号	离层宽度/m	序号	节点号	离层宽度/m	序号	节点号	离层宽度/m
安装顶锚杆	3	6745	7.54E-04	13	6797	1.85E-03	3	6759	1.37E-03
	4	6751	7.21E-04	14	6800	1.39E-03	4	6769	1.60E-03
	5	6754	6.66E-04	15	6805	9.29E-04	5	6779	1.61E-03
	6	6760	5.47E-04	16	6809	9.06E-04	6	6788	1.51E-03
	7	6763	8.00E-04	17	6813	1.00E-03	7	6798	1.34E-03
	8	6770	7.30E-04	18	6817	1.62E-03			
	9	6773	1.71E-03	19	6822	1.59E-04			
	10	6780	1.18E-05	20	6823	2.81E-03			
安装顶帮锚杆	1	6814	1.54E-03	11	6860	3.31E-03	1	6821	5.89E-04
	2	6820	3.17E-04	12	6867	1.97E-03	2	6828	6.12E-04
	3	6823	7.39E-04	13	6875	1.88E-03	3	6837	1.38E-03
	4	6829	7.55E-04	14	6878	1.39E-03	4	6847	1.61E-03
	5	6832	6.53E-04	15	6883	9.34E-04	5	6857	1.63E-03
	6	6838	5.82E-04	16	6887	9.10E-04	6	6866	1.55E-03
	7	6841	7.86E-04	17	6891	1.01E-03	7	6876	1.36E-03
	8	6848	7.60E-04	18	6895	1.64E-03			
	9	6851	1.69E-03	19	6900	1.68E-04			
	10	6858	1.30E-05	20	6901	2.81E-03			

3.4.6　锚杆间距不同时回采巷道稳定性分析

前边我们分析了不同锚杆长度支护时回采巷道顶底板的稳定性，主要通过分析回采巷道顶板的离层情况来说明回采巷道的稳定性，但是，随着锚杆长度的增长，巷道埋藏深度的加深，回采巷道所受的垂直应力也不断增强，此时对巷道的维护就很困难，要维护巷道的稳定，需要继续增强支护强度。由于锚杆预紧力已经达到强度极限，要增加锚杆支护强度应该考虑增加每排的锚杆数量或减小锚杆排间距。

为了达到更好的支护效果，下面我们主要分析埋藏深度为500m、锚杆长度为2.1m，锚杆间距分别为0.6m、0.9m、1.2m并且只加顶、帮锚杆时，回采巷道围岩的稳定性。

锚杆间距通常不是锚杆设计的主要参数，因为它对形成"刚性"梁顶板不起决定作用，通常是采用1.2m×1.2m的布置。这是美国五十多年锚杆支护的经验。但是，随着锚杆初始预紧力的增大，锚杆间距的布置可以适当加密，即锚杆的排间距可以根据锚杆预紧力进行调整，比如所需的预紧力为10t，而技术上可达到的最大预紧力为3t，那么锚杆的排间距可以从1.2m缩小到0.6m。增加锚杆的布置密度，同时提高锚固力，可以有效地提高锚固体的弹性模量、残余黏聚力、残余内摩擦角，提高锚固体的峰值强度和残余强度，促使巷道顶板有不稳定相稳定转变。

3.4.6.1 不同锚杆支护结构回采巷道围岩应力分布规律

在500m埋藏深度下、锚杆长度为2.1m的情况下，不同锚杆初始预紧力、不同锚杆间距条件下回采巷道围岩应力及位移分布规律如表3-47和表3-48所示。由表可以看出，回采巷道埋藏深度为500m时，顶板中部出现水平方向的拉应力，一般最大水平拉应力为S_x小于3.6MPa。左顶角产生压应力集中，最大达到33.15MPa，底板中部处于压应力状态，不会出现底鼓现象，底板角部产生最大压应力集中，其最大压应力为35.49MPa。由表中所模拟的数据通过对比可以看出，当锚杆间距改变时，在相同的锚杆预紧力下，对岩空巷道顶底板的位移、应力基本上影响不大，不能够从分表明改变锚杆间距对巷道稳定性的支护效果。因此可以看出，在这种中硬岩石中，锚杆间距的改变不会对回采巷道围岩的力学性能产生太大的影响。

表3-47 500m埋深回采巷道锚杆支护计算结果表

（水平地应力比26.0：13.0，锚杆初始预紧力为4t）

支护结构代码	顶底板移近量/mm	两帮移近量/mm	顶板最大 S_x/MPa	左顶角 S_z/MPa	底板最大 S_x/MPa	右底角 S_x/MPa
锚杆间距0.6m	176.14	57.71	3.64861	-32.97735	-4.67439	-35.53632
锚杆间距0.9m	175.20	54.37	2.85171	-33.15134	-4.83316	-35.48684
锚杆间距1.2m	178.10	58.13	3.60905	-32.90576	-4.77246	-35.52041

表3-48 500m埋深回采巷道锚杆支护计算结果表

（水平地应力比26.0：13.0，锚杆初始预紧力为8t）

支护结构代码	顶底板移近量/mm	两帮移近量/mm	顶板最大 S_x/MPa	左顶角 S_z/MPa	底板最大 S_x/MPa	右底角 S_x/MPa
锚杆间距0.6m	175.96	57.62	3.67989	-33.0036	-4.6634	-35.53849
锚杆间距0.9m	174.51	54.10	2.76409	-33.14646	-4.82968	-35.48473
锚杆间距1.2m	177.60	58.08	3.57229	-32.91148	-4.76502	-35.52119

3.4.6.2 不同锚杆支护结构回采巷道围岩离层分析

为了深入考虑锚杆间距的改变对回采巷道的稳定性的影响，我们进一步从顶板离层方面来分析回采巷道顶板的稳定性。表3-49～表3-53为锚杆间距不同时，不同初始预紧力作用下回采巷道顶板的离层情况。

在预紧力为4t的情况下，当锚杆间距为0.6m时，回采巷道顶板的离层数目为20个，最大离层宽度为0.681mm，当锚杆间距为0.9m时，回采巷道顶板的离层节点数为44个，最大离层宽度为0.88mm，当锚杆间距达到1.2m时，回采巷道顶板离层节点数为48个，最大离层宽度为0.97mm，可见，锚杆间距的改变对回采巷道顶板离层有很大的影响。锚杆布置密度密，回采巷道顶板离层数目明显减少，随着锚杆布置密度的降低，巷道顶板离层数目明显增多，并且离层宽度也显著增加。

当锚杆初始预紧力为8t时，锚杆间距为0.6m时，回采巷道顶板的离层基本被压合，锚杆间距为0.9m时，回采巷道顶板的离层数目为30个，与锚杆初始预紧力为4t时相比减少了14个，锚杆间距为1.2m时，回采巷道顶板离层节点数为45个，与4t预紧力时的离层数相比减少了3个，减小量很小。

对比以上的分析及模拟数据，我们发现，在锚杆间距为0.6m时，初始预紧力达到8t时就可以将顶板离层压合，锚杆间距为0.9m时，则不容易压合，经模拟发现，锚杆初始预紧力达到20t时，才能将顶板离层压合，当锚杆间距达到1.2m时，锚杆初始预紧力达到30t时才能压合顶板离层。由此可见，锚杆密度越大，所需的锚杆初始预紧力很小时，就可以达到控制顶板离层的作用。当锚杆间距越大时，所需的锚杆初始预紧力则越大，但是还不容易控制回采巷道顶板的离层。

表3-49　500m埋深锚杆初始预紧力为4t时回采巷道顶板离层情况

（水平地应力比26:13，锚杆间距为0.6m）

项目	序号	节点号	离层宽度/m	序号	节点号	离层宽度/m	序号	节点号	离层宽度/m
					巷 道 顶 板				
安装顶帮锚杆	1	17876	9.47E-06	8	18021	3.55E-05	15	18071	5.45E-06
	2	17885	1.12E-05	9	18026	2.83E-05	16	18076	1.46E-05
	3	17969	5.13E-06	10	18031	3.16E-06	17	18078	1.32E-05
	4	17978	5.22E-04	11	18054	7.33E-05	18	18080	6.35E-06
	5	17987	6.81E-04	12	18058	1.27E-04	19	18082	1.47E-05
	6	17997	3.62E-05	13	18062	1.70E-04	20	18086	2.98E-06
	7	18015	1.24E-05	14	18066	1.18E-04			

表3-50 500m 埋深锚杆初始预紧力为 4t 时回采巷道顶板离层情况

（水平地应力比 26：13，锚杆间距为 0.9m）

项目	巷 道 顶 板								
	序号	节点号	离层宽度/m	序号	节点号	离层宽度/m	序号	节点号	离层宽度/m
安装顶帮锚杆	1	17792	8.80E－04	16	17864	2.51E－04	31	17949	8.03E－04
	2	17796	7.59E－05	17	17869	2.77E－04	32	17955	7.35E－04
	3	17801	6.51E－04	18	17874	3.77E－04	33	17960	6.33E－04
	4	17805	1.77E－04	19	17879	3.58E－04	34	17965	5.67E－04
	5	17810	4.77E－04	20	17884	2.90E－04	35	17970	5.37E－04
	6	17814	1.98E－04	21	17889	3.96E－04	36	17974	5.36E－04
	7	17823	1.79E－04	22	17899	3.32E－04	37	17979	5.54E－04
	8	17828	2.62E－04	23	17903	4.64E－04	38	17984	5.84E－04
	9	17832	1.52E－04	24	17908	1.79E－04	39	17988	6.18E－04
	10	17837	2.32E－04	25	17912	4.10E－04	40	17992	6.48E－04
	11	17841	1.34E－04	26	17921	4.31E－04	41	17996	6.86E－04
	12	17846	3.37E－04	27	17929	1.84E－05	42	18000	7.42E－04
	13	17850	1.50E－04	28	17931	4.39E－04	43	18005	8.07E－04
	14	17855	2.37E－04	29	17939	7.26E－04	44	18010	8.20E－04
	15	17859	2.03E－04	30	17945	3.67E－04			

表3-51 500m 埋深锚杆初始预紧力为 8t 时回采巷道顶板离层情况

（水平地应力比 26：13，锚杆间距为 0.9m）

项目	巷 道 顶 板								
	序号	节点号	离层宽度/m	序号	节点号	离层宽度/m	序号	节点号	离层宽度/m
安装顶帮锚杆	1	17792	2.15E－04	11	17903	5.25E－04	21	17970	5.03E－04

项目	序号	节点号	离层宽度/m	序号	节点号	离层宽度/m	序号	节点号	离层宽度/m
						巷道顶板			
安装顶帮锚杆	2	17801	1.81E−04	12	17912	6.59E−04	22	17974	4.66E−04
	3	17810	1.92E−04	13	17921	8.63E−04	23	17979	4.54E−04
	4	17828	1.22E−04	14	17929	1.58E−04	24	17984	4.57E−04
	5	17837	9.52E−05	15	17931	4.34E−04	25	17988	4.66E−04
	6	17846	1.91E−04	16	17939	9.11E−04	26	17992	4.70E−04
	7	17855	6.94E−05	17	17949	9.98E−04	27	17996	4.73E−04
	8	17864	7.42E−05	18	17955	8.64E−04	28	18000	4.76E−04
	9	17874	2.08E−04	19	17960	6.93E−04	29	18005	5.83E−04
	10	17884	1.40E−04	20	17965	5.75E−04	30	18010	7.22E−04

表 3-52　500m 埋深锚杆初始预紧力为 4t 时回采巷道顶板离层情况

（水平地应力比 26∶13，锚杆间距为 1.2m）

项目	序号	节点号	离层宽度/m	序号	节点号	离层宽度/m	序号	节点号	离层宽度/m
						巷道顶板			
安装顶帮锚杆	1	17770	7.30E−04	17	17842	6.13E−04	33	17927	1.37E−03
	2	17774	3.89E−04	18	17847	6.85E−04	34	17933	1.07E−03
	3	17779	9.21E−04	19	17852	7.37E−04	35	17938	8.49E−04
	4	17783	5.23E−04	20	17857	7.35E−04	36	17943	7.48E−04
	5	17788	7.73E−04	21	17862	6.48E−04	37	17948	7.18E−04
	6	17792	5.70E−04	22	17867	7.45E−04	38	17952	7.08E−04
	7	17797	6.20E−04	23	17872	6.01E−04	39	17957	7.11E−04
	8	17801	5.64E−04	24	17877	6.39E−04	40	17962	7.25E−04

项	巷 道 顶 板								
目	序号	节点号	离层宽度/m	序号	节点号	离层宽度/m	序号	节点号	离层宽度/m
安装顶帮锚杆	9	17806	6.58E－04	25	17881	7.59E－04	41	17966	7.46E－04
	10	17810	5.32E－04	26	17886	3.65E－04	42	17970	7.61E－04
	11	17815	7.40E－04	27	17890	9.70E－04	43	17974	7.85E－04
	12	17819	5.23E－04	28	17899	9.16E－04	44	17978	8.18E－04
	13	17824	6.14E－04	29	17907	5.64E－04	45	17983	8.34E－04
	14	17828	5.60E－04	30	17909	7.23E－04	46	17988	7.57E－04
	15	17833	5.17E－04	31	17917	1.49E－03	47	17992	5.06E－04
	16	17837	6.25E－04	32	17923	3.85E－04	48	17998	1.54E－04

表 3-53　500m 埋深锚杆初始预紧力为 8t 时回采巷道顶板离层情况

（水平地应力比 26：13，锚杆间距为 1.2m）

项	巷 道 顶 板								
目	序号	节点号	离层宽度/m	序号	节点号	离层宽度/m	序号	节点号	离层宽度/m
安装顶帮锚杆	1	17770	1.83E－03	16	17847	3.23E－04	31	17933	6.56E－04
	2	17779	1.83E－03	17	17852	6.66E－04	32	17938	7.75E－04
	3	17788	1.19E－03	18	17857	3.31E－04	33	17943	8.42E－04
	4	17792	1.82E－06	19	17862	5.72E－04	34	17948	8.49E－04
	5	17797	7.15E－04	20	17867	2.61E－04	35	17952	7.86E－04
	6	17801	3.84E－06	21	17872	5.17E－04	36	17957	7.31E－04
	7	17806	6.19E－04	22	17877	7.72E－06	37	17962	7.16E－04
	8	17810	8.41E－05	23	17881	6.83E－04	38	17966	7.27E－04
	9	17815	6.63E－04	24	17890	8.66E－04	39	17970	7.45E－04

项		巷 道 顶 板								
目	序号	节点号	离层宽度/m	序号	节点号	离层宽度/m	序号	节点号	离层宽度/m
安装顶帮锚杆	10	17819	1.31E-04	25	17899	7.08E-04	40	17974	8.04E-04
	11	17824	5.20E-04	26	17907	2.50E-06	41	17978	9.45E-04
	12	17828	1.98E-04	27	17909	3.55E-04	42	17983	1.12E-03
	13	17833	4.17E-04	28	17917	2.55E-05	43	17988	1.19E-03
	14	17837	2.74E-04	29	17923	3.76E-04	44	17990	2.37E-06
	15	17842	5.29E-04	30	17927	4.64E-04	45	17992	6.27E-04

3.5 主要结论与建议

（1）回采巷道锚杆支护是岩土与结构耦合的工程问题，它与地应力、围岩强度、锚杆支护结构等因素有关。因此，锚杆支护设计应经过科学的计算和分析，才能取得好的支护效果。

（2）锚杆支护的设计精度，取决于原岩应力测量、巷道围岩力学性质测试精度。由于目前各矿区原岩应力测点较少，煤体弹性模量、节理裂隙刚度测试困难，使锚杆支护设计与实际相比有一些误差。因此，在一些大的矿区应进行规范的原岩应力测量，现场煤体强度及变形试验，提高锚杆支护设计的精度。

（3）评价锚杆支护巷道的稳定性，应考虑以下三个方面，巷道围岩的变形，围岩应力的分布，巷道顶底板的离层。应建立起符合本矿实际的锚杆支护巷道稳定性判别的强度准则、变形准则和离层破坏的条件，使巷道稳定性监测和预报有据可循。

（4）高水平应力条件下，回采巷道顶板位置处于垂直应力走向方向水平应力降低区、垂直应力的承压区内。这使得回采巷道顶板位置垂直应力与水平应力的比值增大，巷道顶板容易产生拉应力。回采巷道底板处于水平应力和垂直应力升高区之中。

（5）随着回采巷道埋藏深度的增加，垂直应力不断增大，回采巷道处于垂直应力的承压区内，巷道底板容易产生底鼓。垂直巷道走向的水平应力越大，巷道底板变形越小，垂直巷道走向的水平应力越小，巷道底鼓越严重。当巷道底板含有软弱层面时，底板变形加剧。低预紧力锚杆不能控制巷道底鼓的发生，应采用高预紧力的锚杆控制巷道底板的变形。

（6）煤体越软，裂隙的刚度越小，巷道顶底板的拉应力越大，巷道的稳定性越差。这时要求控制巷道变形所需要的锚杆预紧力也较高。

（7）在相同的地应力条件下，在相同的埋藏深度下，顶锚杆长度分别为 0.6m、0.9m、1.2m、1.5m、1.8m、2.1m 时，分析回采巷道围岩的稳定性，我们发现，随着锚杆长度的增加，回采巷道顶底板的应力变化不是很大，通过数据分析可得出：锚杆长度的改变不会对回采巷道顶底板的应力变化、顶底板的位移产生大的影响，巷道顶板的中部和底板的右角部是巷道的最危险部位。

（8）同时，在相同的地应力条件下，相同的埋藏深度下，锚杆长度越长，如果锚杆的初始预紧力不是足够大，则不能够有效地控制巷道的离层，锚杆长度范围内的离层节点不能被有效地压合。

（9）在相同的锚杆初始预紧力作用下，锚杆长度、地应力、埋藏深度都相同的情况下，锚杆间距分别为 0.6m、0.9m、1.2m。当锚杆间距改变时，在相同的锚杆预紧力下，对岩空巷道顶底板的位移、应力基本上影响不大，不能够充分表明改变锚杆间距对巷道稳定性的支护效果。由此可以看出，在这种中硬岩石中，锚杆间距的改变不会对回采巷道围岩的力学性能产生太大的影响。

（10）在锚杆长度、地应力、埋藏深度相同的情况下锚杆间距不同时，对回采巷道顶板的离层控制也有很大影响，同时，锚杆初始预紧力不同，顶板离层节点数也不同。锚杆间距的密度越大，所需的锚杆初始预紧力很小时，就可以达到控制顶板离层的作用，增强回采巷道顶板的稳定性。当锚杆间距越大时，所需的锚杆初始预紧力则越大，但是还不容易控制回采巷道顶板的离层。

（11）要想很好地控制巷道顶底板内的离层，增强回采巷道围岩的稳定性，必须综合考虑几方面的因素：不仅要考虑巷道的埋藏深度、地应力的大小，同时，还要考虑锚杆的初始预紧力、锚杆长度、锚杆间距的影响，只有将以上因素互相结合，才能设计出一套合理的锚杆支护参数，使锚杆支护达到最优的支护效果。

4 巷道锚杆支护工程应用

4.1 唐山矿12煤平巷实体煤巷道锚杆支护

4.1.1 唐山矿12煤平巷锚杆支护存在的问题

开滦集团唐山矿矿业分公司是煤炭行业的骨干企业，技术力量雄厚，在推广应用先进技术方面一直是煤炭行业的排头兵。由于开滦矿区地压大、埋藏深、煤层软且破碎，特别是唐山矿。近年来，虽然唐山矿在沿顶掘进巷道锚杆支护方面进行了大面积推广，1991~1998年共施工半煤巷道锚杆支护17000m，但在全煤巷道仅进行了小规模实验。分析唐山矿巷道锚杆支护现状，存在以下几方面的问题：

（1）锚杆支护设计主要采用类比法。由于对采区巷道围岩应力分布规律认识不充分，对锚杆支护机理认识不清。因此，锚杆设计主要采用"类比法"，没有一套可行的设计规则。

（2）主要使用没有预应力或低预应力的被动式锚杆支护。锚固力低，锚杆密度大。

（3）对高预应力锚杆的支护机理认识不充分。一般公认的锚杆支护理论有：悬吊理论，组合梁理论，压力拱理论。这些理论都是在假设不存在水平应力条件下得到的。对水平应力场条件下，高预应力锚杆支护机理认识不清。

（4）锚杆安装机具不配套，掘进速度慢。目前我国锚杆钻机扭矩较小，提供的锚杆预紧力一般在15~20kN，不能有效控制顶板的离层，应发展高扭矩的锚杆钻机。采用锚杆快速安装器，确定合理的锚杆支护施工顺序。

4.1.2 12煤平巷锚杆支护设计

4.1.2.1 设计方法选择

目前的巷道锚杆支护设计方法基本上可归纳为三大类：第一类是工程类比法，包括利用简单的经验公式进行设计；第二类是理论计算方法；第三类是以计算机数值模拟为基础的设计方法。工程类比法在我国巷道锚杆支护设计中应用相当广泛，主要有：以回采巷道围岩稳定性分类为基础的锚杆支护设计方法和巷道围岩松动圈分类与支护设计方法等。理论计算方法很多，主要有悬吊理论法、冒落拱理论法、组合梁理论法、组合拱理论法等。由于各种理论计算方法所依据的理论基础不同，以及计算方法中的一些参数难于确定，计算结果存在局限性。悬吊理论、组合梁理论提供的设计方法只能用来求解顶板锚杆的布置方式，而不适用于巷道两帮的设计。组合拱理论在分析过程中，没有考虑支护 — 围岩的相互作用关系，而是将各个支护结构的最大支护力简单相加，这与实际情况存在差别。因此理论分析法还需进一步完善。

随着计算机的广泛应用，借助数值模拟锚杆支护设计得到了很大的发展，人们逐渐认识到数值模拟应力应变分析是地下岩石结构设计和分析的重要手段。美国、澳大利亚建立了以地应力测试为基础的巷道锚杆支护设计方法，其核心是首先根据地应力测试结果，以岩体地质力学评估为基础，结合数值模拟分析进行锚杆支护初始设计，然后利用现场监测结果对原设计进行修改和完善。这种设计方法通过多方案的比较分析，有可能选择到最佳方案。

我们采用美国大型三维有限元软件 ANSYS，结合理论分析以及相关工程类比确定锚杆的设计参数，其具体设计流程见图4-1。

4.1.2.2 12煤平巷锚杆支护设计优化

为了合理确定锚杆的支护参数，我们采用大型有限元分析软件

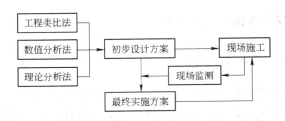

图 4-1 锚杆参数设计流程图

——锚杆支护辅助设计系统 ANSYSBOLT 对以下各种情况下锚杆支护参数进行数值模拟分析，从而确定最优方案。

第一种支护方式：巷道尺寸宽×高为 3.8m×2.8m，顶板 5 根锚杆，两帮各 2 根锚杆，排间距为 0.8m，顶锚杆长度为 2.4m，直径为 22mm，帮锚杆长度为 1.8m，锚杆预应力为 60kN。

第二种支护方式：巷道尺寸宽×高为 3.8m×2.8m，顶板 6 根锚杆，两帮各 3 根锚杆，排间距为 0.8m，顶锚杆长度为 2.4m，直径为 22mm，帮锚杆长度为 1.8m，锚杆预应力为 20kN。

第三种支护方式：巷道尺寸宽×高为 3.8m×2.8m，顶板 5 根锚杆，两帮各 2 根锚杆，排间距为 1.0m，顶锚杆长度为 2.4m，直径为 22mm，帮锚杆长度为 1.8m，锚杆预应力为 60kN。

各种支护方式下计算结果表明，巷道顶板出现水平拉应力，两帮和底板都为压应力，底板角部为最大压应力。所以，巷道最危险的部位是巷道顶板和底板角部，各种支护方式巷道围岩应力分布如表 4-1 所示。第一种支护方式最大拉应力出现在顶板中部，其值为 1.9400MPa。第二种支护方式巷道顶板水平应力 S_x 分布规律如图 4-2 所示，巷道顶板最大拉应力为 1.8300MPa。第三种支护方式巷道顶板最大拉应力为 2.6900MPa。第三种支护方式顶板中最大拉应力超过煤体的抗拉强度，且顶板拉应力分布的范围大，使巷道处于不稳定状态。第一和第二种支护方式都是可行方案。

从技术的先进性来考虑，可选用高强度、高预紧力锚杆支护。

由于现场锚杆安装设备限制，锚杆钻机扭矩不足。因此，现场采用了第二种支护方案。由于锚杆初始预紧力低，巷道顶板局部存在离层现象。为了控制顶板离层，每隔 2.40m 安设一根锚索。

表 4-1　各种锚杆支护条件下 12 煤平巷围岩应力及位移

支护结构代码	第一种支护	第二种支护	第三种支护
顶底板移近量/mm	110.04	106.64	116.32
两帮移近量/mm	76.85	72.68	85.14
顶板最大 S_x/MPa	1.9400	1.8300	2.6900
顶角 S_z/MPa	-14.4796	-14.3040	-12.58
底板平均 S_x/MPa	-8.1753	-8.6591	-7.4542
底角 S_x/MPa	-27.0443	-26.9497	-25.6124

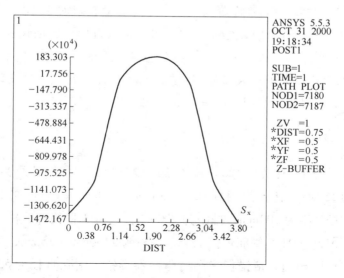

图 4-2　第二种支护方式巷道顶板水平应力分布

4.1.2.3 12 煤平巷锚杆支护方案

A 顶板支护

顶板采用ϕ22 × 2400mm 左旋螺纹钢锚杆，材质 20MnSi，极限拉断力 260kN，屈服强度 150kN，伸长率为 16%。杆尾螺纹为 M22，采用滚丝加工工艺。托盘采用ϕ100mm 的弧形调心托板，调心角度 ±20°。W 钢带的规格为 BHW-220-2.75，长度为 3600mm。顶网采用 12 号铅丝编成的菱形网，网孔为 65mm × 56mm，每块规格为 1.0m × 5.0m。

锚杆排距 800mm，每排 6 根锚杆，间距为 600~900mm。锚固方式采用树脂全长锚固，每孔 4 卷树脂药卷，其中 1 卷 K2333，3 卷 Z2333，锚固长度 2300mm，设计锚固力为 150kN。

锚索材料为 20Cr，45 号钢索具和ϕ15.24mm、1 × 7 股高强度低松弛预应力钢绞线，屈服强度≥234.56kN，破断载荷≥260.7kN，伸长率为 3.5%，设计长度 8m。为了保证锚入直接顶岩层长度 1m 以上，采用树脂加长锚固，每孔使用 6 卷树脂药卷，其中，2 卷 K2333 和 4 卷 Z2333，锚固长度 2.0m。锚索间距 2.4m，每隔两排安装 1 根锚索，每根锚索外端用一块长 800mm 25U 型钢作托板。

B 两帮支护

帮锚杆采用ϕ22 × 1800mm 左旋螺纹钢锚杆，杆尾螺纹为 M20，破断力 150kN。托板采用规格为 120mm × 120mm × 10mm 平面铁托板。锚杆间距为 800mm，排距为 800mm，每帮 3 根锚杆。梯子梁框架采用ϕ12mmQ235 钢筋焊接而成，规格为 1100mm × 55mm，帮网的规格与顶网相同。帮锚杆采用树脂药卷端锚，钻孔直径为ϕ28mm，每孔 2 卷树脂药卷，锚固长度为 700mm，锚固力为 70kN。

4.1.3 施工工艺

（1）进班准备：进行安全检查、设备检查与维护、物料准备等工作。

（2）凿岩、爆破、通风、找掉危矸出煤，掘进循环进尺 800mm。

（3）安装顶板锚杆：

1）在顶板中间打一个锚杆孔眼：巷道顶板锚杆孔总长 2430mm。

2）铺顶网，上 W 型钢带，联结好顶网，顶好 W 型钢带。

3）安装拱顶中间锚杆：送树脂药卷，穿过 W 钢带孔眼，向锚眼孔装入 3 个树脂药卷，其中上部 1 卷 CK2333 快速树脂药卷，下部 2 卷 Z2335 中速树脂药卷，用锚杆慢慢将树脂药卷推入孔底。搅拌树脂，用搅拌接头将钻机与锚杆螺母连接起来，然后推升起钻机推进锚杆，当钻机升到锚杆托盘距顶板岩面 15～20mm 左右时，停止升钻机，搅拌 20s 后停机。紧固锚杆，30s 后再次启动钻机边旋转边推进，锚杆在钻机的带动下剪断定位销，托盘快速压紧顶板岩面，使锚杆具有较大的预拉力，锚杆预拉力要求达到 2t 以上，直到尼龙垫圈挤压到严重变形为止。

4）打其余锚杆孔并安装锚杆：安装巷道顶板锚杆以后，再安装巷道两帮锚杆，操作程序同上。

（4）安装锚索

1）在两排锚杆之间的巷道顶板中心打一个锚索钻孔，孔径 ϕ27mm，孔深为 8030mm，锚索间距为 2400mm。

2）锚固锚索，采用树脂加强锚固，钻孔锚固长度 2m。每孔使用 6 卷树脂，上部用 2 卷 K2333 快速树脂药卷，下部用 4 卷 Z2335 中速树脂药卷，用刚绞线轻轻将树脂药卷送入孔底，用搅拌连接器将刚绞线与钻机连接起来，开动钻机，边搅拌边推进，搅拌 20～30s，将刚绞线送入孔底不落钻机停转，等待 1～2min，落下钻机，卸下搅拌连接器，完成锚索的内锚固。

3）张拉锚索，树脂药卷需养护10min，然后，安装托盘、锁具，挂上张拉千斤顶，开泵进行张拉，使预紧力达到100kN。卸下千斤顶，剪断刚绞线，刚绞线外露长度为150mm。

4.1.4 锚杆支护巷道矿压监测

在12煤平巷锚杆支护试验期间，共设巷道表面位移监测断面5个，顶板离层仪3个，锚索测力计1个，锚杆测力计3个。另外用拉力计抽测顶板锚杆和帮锚杆锚固力6次，顶锚杆锚固力达到200kN，帮锚杆达到100kN，没有失效锚杆。

4.1.4.1 巷道表面位移

巷道表面位移监测结果如表4-2所示，从表上可以看出，巷道顶底板移近量略大于两帮移近量。1号测点设在锚棚联合支护段的金属支架上，由于设点时滞后掘进迎头较远，不能反映巷道的真实变形。

表4-2 12煤平巷围岩表面微变形统计

测点号	水平变形/mm	顶板下沉/mm	设点时间	观测终止时间	观测天数	备 注
1	26	17	99. 7. 26	99. 8. 23	29	1 号 测 点 设 在 锚 棚 联 合 支 护 段 的 金 属 支 架 上
2	108	123	99. 7. 26	99. 8. 23	29	
3	106	130	99. 7. 27	99. 8. 23	28	
4	106	123	99. 7. 29	99. 8. 23	26	
5	118	155	99. 8. 5	99. 8. 23	19	

在巷道掘进出3天内顶板下沉剧烈，移动速度最快达到31mm/d。第4～7天移动速度明显减慢。第7天后顶板基本保持稳定，顶板下沉累计最大位移量为155mm。巷道掘出后4天内两帮移近量最大，第5～10天减小。第10天后两帮基本稳定，两帮最大移近量118mm，两帮最大位移速度27mm/d。

4.1.4.2 测力计、锚索测力计观测结果

锚索施工时，张拉千斤顶张拉锚索的预紧力为 100kN。六天后锚索测力计读数为 2.50MPa，经换算得锚索受力为 49.1kN，锚杆受力为 24.2kN。

4.1.5 经济效益比较

巷道使用金属拱形支架支护时，每米巷道直接支护费用如表 4-3 所示；使用锚杆支护时每米巷道直接支护费用如表 4-4 所示。两种不同支护方式间接费用计算如下：

表 4-3 金属拱形支架支护巷道每米费用

名　称	单　价	每米耗量	每米费用	备　注
10.5m² 支架	1000 元/架	1.25 架	416.67 元	棚距 0.8m，按复用三次计算
卡缆	17 元/付	5 付	43.5 元	每架四副，复用 50%，修理 0.4 元/副
木背板	600 元/m³	0.20m³	120.0 元	每架耗量 0.16m³
合计			580.17 元	

表 4-4 锚杆支护每米巷道设备及支护材料费用

序号	名　称	规格型号	数量/m	单价	每米费用/元	备　注
1	顶板锚杆	φ22×2400	7.5 套	42 元/套	315	排距 800mm，每排 6 根
2	帮锚杆	φ20×1800	7.5 套	33 元/套	124	排距 800mm，每排 6 根（复用 50%）

序号	名 称	规格型号	数量 /m	单价	每米费用 /元	备 注
3	顶板锚固剂	$\phi 23 \times 330$	30 卷	2.6 元/卷	78	每眼 4 卷
4	帮锚固剂	$\phi 23 \times 330$	15 卷	2.6 元/卷	39	每眼 2 卷
5	W 钢带	BHW220-2.75	1.25 块	89 元/块	77.9	每排 1 块 （复用 30%）
6	顶网	1m×5m	1.25 块	8.5 元/m²	55.13	每排一块
7	帮网	1m×5m	4m²	8.5 元/m²	34	
8	钢筋梯子梁框架	$\phi 12 \times 1100$	5 块	13 元/块	13	每排 4 块 （复用 80%）
9	锚索	$\phi 15.24 \times 8000$	0.417 套	120 元/卷	50	每三排打一套
10	锚杆钻头	$\phi 27$	0.5 个	22 元/个	11	
11	煤钻头	$\phi 27$	0.5 个	14 元/个	7	
12	锚杆钻杆	B19 中空六方	0.01 套	58 元/米	4	套：1200、1500、1800、2400 四根，400 元/套
13	煤电钻钻杆	$\phi 26 \times 1800$	0.1 根	49 元/根	4.9	
14	锚索接杆钎子	B19×1000、B19×1500	0.004 根	700 元/套	2.9	
15	药卷安装器	800mm 长	0.02 个	20 元/个	0.4	
16	锚杆机维修费	MYT - 115D		5 元/米	5.0	
合计					819.23	

（1）从地面运至工作面费用拱形支架每米运费 94 元，锚杆支护每米运费 15 元，锚杆支护每米节省运费 79 元。

（2）拱形支架复用整形费每架 30 元，每米费用 37.50 元，锚杆支护没有这项费用。

（3）回采期间工作面出口超前支护用工及支护费用比较，架棚出口工效 1.2 米/工，每米工资 33 元；锚杆支护出口工效 7.2 米/工，每米工资 5.5 元。架棚出口用料 0.16m³/m，每米材料 128 元；锚杆支护替出口用料 0.01m³/m，每米工资 8 元。

节省费用：（128 + 33）–（5.5 + 8）= 147.5 元/米。

（4）巷道支架回撤运至井上费用，架棚支护每米 54 元，锚杆支护每米 10 元，锚杆每米节省回撤费用 44 元。

以上四项合计：79 + 37.5 + 147.5 + 44 = 308.0 元/米

锚杆支护每米巷道设备及支护材料等直接费用为 819.23 元，金属拱形支架每米巷道支护材料费为 580.17 元，锚杆支护每米直接费用比架棚支护多 239.06 元，锚杆间接费用每米节省 308.0 元，因此，锚杆支护总成本每米比架棚巷道低 68.94 元。

实验证明，在开滦荆各庄煤矿九煤层巷道沿底掘进实施锚杆支护是切实可行的；锚杆支护总成本每米比棚架巷道低 68.94 元，12 煤平巷共打全煤巷道锚杆 78 米，共节省费用 5377.32 元。虽然锚杆支护总成本与棚架支护相比，相差不多，但是，锚杆支护减轻了工人的劳动强度，有利于综采的快速推进和全矿井的减人增效，对高产高效矿井建设有重要意义；锚杆支护的综合效益是较明显的。

12 煤平巷锚杆支护取得成功，是该矿锚杆支护工作的重大突破，为今后进一步扩大锚杆支护的应用范围提供了经验，今后不仅要把全煤巷道锚杆支护技术在 9 煤层推广应用，还要在 12—2 煤层试验推广。

4.2　唐山矿9煤采准巷道锚杆支护

4.2.1　唐山矿9煤工作面概述

9 煤工作面地质结构复杂，地层总体发育—单斜构造，北高南低。所采煤层为二迭系山西组底部 3 煤，产状平缓、结构复杂，夹二层炭质细砂岩。煤层厚度大，且稳定，裂隙发育。煤层沿工作面倾斜方向倾角为 0°12′~8°36′，沿工作面推进方向煤层倾角 0°~15°，煤层硬度 $f=2.3$，单向抗压强度 3 层煤为 21.7MPa，煤层厚度为 6.2~9.4m，加权平均 8.11m。

原岩应力为最大水平主应力 $\sigma_1=15.25$MPa，方位角为 N135°，第二水平主应力 $\sigma_2=14.20$MPa，垂直主应力 $\sigma_3=15.25$MPa，巷道走向方向为 N35°。

巷道煤岩力学性质为 $E_{底板}=14.4$GPa，$E_{顶板}=14.4$GPa，$E_{煤}=0.69$GPa，节理面法向刚度 $K_N=1.9$ GPa，节理面切向刚度 $K_N=1.9$ GPa。

4.2.2 问题的提出

开滦集团唐山矿矿业分公司作为煤炭行业的先进企业，在推广煤巷锚杆支护技术方面也走在了全国的前列，特别是在唐山矿埋藏深度大、煤层破碎的情况下，成功地实现了综放工作面煤巷全锚网支护。尽管如此，锚杆支护技术在现场的使用仍然存在如下的问题：

（1）巷道掘进速度较慢。各煤矿采用梯形工字钢支护时，煤巷掘进速度为 450~600m/月，而采用锚杆支护后，在地质条件非常好的情况下，月掘进速度可达到 300~400m/月，在一般条件下仅能达到 270m/月左右，远远低于架棚巷道掘进速度，制约了锚杆支护技术的进一步发展。

（2）巷道支护成本仍然较高。在困难的地质条件下，锚杆支护巷道的直接成本在 900~1200 元/m，费用仍然较高。

（3）在困难的地质条件下，锚杆支护巷道的效果仍然不甚理想。如有的煤巷在受到采动影响之前，顶板下沉量已经达到了 200mm 左右，受到采动影响后，巷道变形量会更大，增加了工作面超前支护工作量。

在岩层巷道中存在同样的问题。如何进一步最大限度地发挥锚杆支护技术的潜力，提高巷道掘进速度、降低巷道支护成本、改善巷道支护效果，是今后锚杆支护技术发展的方向。所以，唐山矿结合本矿具体的地质情况，采用先进的锚杆支护技术，在保证巷道安全使用的情况下，进一步提高锚杆支护的掘进速度，降低巷道支护成本，使锚杆支护技术在原来的基础上向更高层次发展，具有重要的现实意义。

4.2.3 唐山矿9煤工作面支护设计

上顺槽为实体煤掘进巷道。断面规格：矩形断面，净宽×高＝4.0m×2.8m，采用螺纹钢树脂锚杆支护，树脂锚固剂锚固，顶帮均铺挂金属网，顶部配合 W 钢带加强支护。上巷共采用 3 种锚杆布置参数：（1）锚杆数：顶板 6 根，间距为 770mm；两帮各 4 根，间距为 750mm，锚杆排距为 880mm；（2）锚杆数：顶板 5 根，间距为 900mm，两帮各 3 根，间距为 900mm，锚杆排距为 1000mm；（3）锚杆数：顶板 4 根，间距为 1200mm；两帮各 2 根，间距为 1200mm，锚杆排距为 1200mm。锚杆规格顶板为 $\phi 20mm \times 2.5m$、两帮为 $\phi 20mm \times 1.8m$。使用 ANSYSBOLT 锚杆支护辅助设计系统对以上三种支护方式进行数值模拟，计算结果如表 4-5 所示。

表 4-5　各种锚杆支护条件下 9 煤上顺槽围岩应力及位移

支护结构代码	第一种支护	第二种支护	第三种支护
顶底板移近量/mm	100.47	40.32	36.32
两帮移近量/mm	83.35	32.68	25.14
顶板最大 S_x/MPa	2.3600	1.9500	1.7800
顶角 S_z/MPa	-15.6596	-11.5020	-10.52
底板平均 S_x/MPa	-6.1753	-7.54871	-6.4542
底角 S_x/MPa	-21.0443	-22.9701	-23.7128

下顺槽为沿空掘进巷道（4305—分层已采空）。其中线上错

4306—1上顺槽中线7m布置。断面规格：矩形断面、净宽×高=4m×2.8m，高强度组合锚杆支护系统与围岩注浆加固联合支护。顶板采用高强度组合锚杆支护系统，树脂锚固剂锚固，锚固形式为全长锚固，并铺设W钢带、菱形金属网。巷道两帮采用高强度锚杆支护，树脂锚固剂锚固，铺设双抗金属网，钢筋梯。共采用两种锚杆布置参数：（1）锚杆数：顶板6根，间距为700mm；煤体侧4根，间距为750mm；采空侧5根，间距为600mm，锚杆排距为800mm；（2）锚杆数：顶板5根，间距为900mm；两帮各3根，间距为900mm，锚杆排距为1000mm。锚杆规格顶板为 ϕ 20mm × 2.5m、两帮为 ϕ 20mm × 1.8m。在下顺槽锚杆支护参数数值模拟分析中，考虑了受工作面采动影响，分析结果如表4-6所示。

表4-6　各种锚杆支护条件下9煤下顺槽道围岩应力及位移

支护结构代码	第一种支护	第二种支护
顶底板移近量/mm	348.47	548.34
两帮移近量/mm	223.52	447.98
顶板最大 S_x/MPa	4.3540	5.7412
顶角 S_z/MPa	−11.1246	−8.1400
底板平均 S_x/MPa	8.1753	−10.6591
底角 S_x/MPa	−8.1432	−6.1237

本面采用走向长壁综采放顶煤一次采全高全部陷落法。其设计采厚8.11m，割煤高度2.7m，放煤高度平均5.41m。

4.2.4　矿压观测

9煤面是该矿四采区煤巷全部采用锚网支护的第一个综放面，其上、下巷分别采用不同支护参数（上巷3种、下巷2种），以便了解它们在此条件下受掘进和回采影响时矿压显现特征，为今后锚杆支护巷道选择合理的支护参数及采煤面两巷道超前支护方式的简化和改革提供决策依据。在该工作面煤巷掘进和回采期间，分别进行了连续16个月矿压观测。9煤工作面煤巷采用的矿压观测仪器如表4-7所示。

4.2.5　9煤工作面煤巷在掘进期间矿压显现规律

9煤工作面煤巷在掘进期间矿压显现的规律如下：

（1）上巷表面位移观测：该巷掘进期间共设表面位移测站13个，观测结果如表4-7、图4-3所示。由观测结果知：巷道在初掘的8天内围岩变形量比较大，随时间的推移巷道变形速度经过15～20天逐渐减缓而趋向稳定，以后变形速度较小：顶板推移平均为0.79mm/d、最大为2.6mm/d。两帮推移平均为0.56mm/d，最大为1.5mm/d，各测区在观测期间顶板下沉量平均为12mm，最大为62mm，两帮移近量平均为11mm、最大为35mm，可见顶板变形略大于两帮。

表4-7　4304综放面煤巷顶板离层观测结果　　（mm）

巷　　　道		上顺槽	下顺槽	切　　眼
锚固范围内顶板离层	平　均	3	5.5	4.3
	最　大	8	10	7
锚固范围以外至煤层顶板间离层	平　均	3.2	6.6	8.3
	最　大	8	15	10

（2）下巷表面位移观测：下巷掘进期间共设表面位移测站9个，观测结果如表4-8所示。由观测结果知：巷道初掘的20d内围岩变形量较大，随时间推移，巷道变形速度经过20～30d后逐渐趋向稳定，以后变形速度较小：顶板平均为1.95mm/d，最大为6.4mm/d，两帮平均2.12mm/d、最大4mm/d，观测期间该巷顶板下沉量平均39mm，最大74mm，两帮移近量平均53mm、最大82mm，可见两帮比顶板变

量大。因上巷两帮是实体煤，而下巷是沿空掘巷，围岩变形量下巷明
显大于上巷。

表4-8 9煤工作面两巷掘进期间围岩变形对比表

时 间	巷道	顶 底 板				两 帮			
		移近量/mm		移近速度/mm·d⁻¹		移近量/mm		移近速度/mm·d⁻¹	
		平均	最大	平均	最大	平均	最大	平均	最大
成巷期间①	上巷	12	62	0.79	5	11	35	0.56	1.5
	下巷	39	74	1.95	6.4	53	82	2.12	3.5

①成巷期间位移观测时间，上巷顶底板移近量观测15d，下巷20d；上巷两帮移近量观
测20d，下巷25d。

（3）9煤工作面煤巷顶板离层观测：巷道掘进期间与扩宽切眼期
间顶板离层观测结果如表4-7所示。从表4-7可知，锚固范围以外至
煤层顶板离层明显大于锚固范围内顶板离层。而锚固范围内顶板离层
量小，整体性较好，巷道顶板下沉主要是煤层直接顶及以上岩层离层
下沉造成的。下巷锚固范围外至顶板间离层与锚固范围内顶板离层均
大于上巷，这是由于下巷是沿空掘巷上巷是实体煤的缘故。

4.2.6 9煤工作面两巷在回采期间矿压显现特征

4.2.6.1 上运巷道

9煤工作面在回采期间，从1999年4月至10月共7个月对三种
支护方式分3个区段，对两巷围岩变形进行了连续观测。

A 第一种支护方式

锚杆支护参数：顶板6根，间距700mm；两帮各4根，间距
700mm；锚杆排距800mm。测站布置：在该面上巷距切眼100～140m

处每隔20m各设一组巷道围岩变形测站（共三组），每天观测一次，结合定时可得围岩变形速度。在上巷超前工作面27.2m处安装两台单体支柱压力自记仪，连续观测单体支柱的工作阻力。

围岩变形观测结果：图4-3为上巷第一种支护方式下受采动影响围岩变形曲线。由图4-3可知：上巷超前影响明显区在40m内，高峰区在15m内，实测得顶底板累计移近量为94mm，移近速度平均为7.95mm/d、最大为62mm/d；两帮累计移近量为35mm，移近速度平均为4mm/d、最大为47mm/d。

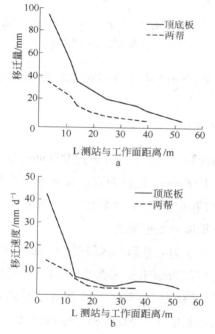

图4-3 9煤工作面上巷第一种支护方式围岩变形曲线

a—移近量；b—移近速度

超前支柱工作阻力观测结果：图4-4为9煤工作面上巷超前支柱工作阻力变化曲线。在超前工作面煤壁27.2m处安装两台单体支柱压力自记仪，连续观测单体支柱的工作阻力。由图4-4可知：单体支柱的初撑力为 62.8kN（8MPa），最大工作阻力为 78.5kN（10MPa），累计增阻值 15.7kN（2MPa）。

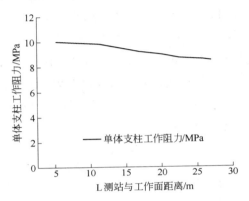

图 4-4　9 煤工作面上巷第一种支护方式超前支撑阻力曲线

B　第二种支护方式

支护参数即锚杆数：顶板 5 根，间距 900mm；两帮各 3 根，间距 900mm。锚杆排距 1000mm。测站布置：在该面上巷距切眼 680～720 处，每隔 20 设一组巷道围岩变形测站（共三组），每天观测一次，结合给定的时间可得围岩变形速度。

观测结果：图 4-5 为上巷第二区段受采动影响围岩变形曲线。由图 4-5 可知：上巷超前影响明显区在 40m 内，高峰区在 15m 内，实测得顶底板累计移近量为 38.5mm，移近速度平均 4.9mm/d、最大 26mm/d；两帮累计移近量为 51.4mm，移近速度平均为 5.6mm/d、最大 36mm/d。

C　第三种支护方式

支护参数即锚杆数：顶板 4 根，间距 1200mm；两帮各 2 根，间距 1200mm。锚杆排距 1200mm。测站位置：在该面上巷距切眼 840～

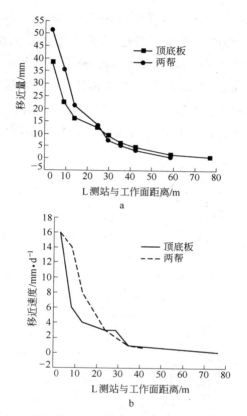

图4-5 9煤工作面上巷第二种支护方式围岩变形曲线

a—移近量；b—移近速度

880m处，每隔20m各设一组巷道围岩变形测站（共三组），每天观测一次，结合定时可得围岩变形速度。

观测结果：图4-6为上巷第三区段受采动影响围岩变形曲线。由图4-6可知：上巷超前影响明显区在40m内，高峰区在15m内，实测得顶底板累计移近量为22mm，移近速度平均1.3mm/d、最大5.3mm/d；两帮累计移近量为24mm，移近速度平均为1.8mm/d，最大为9mm/d。

由上述三种支护结果可知：上巷三种支护的移近量：顶板为

94mm、38.5mm、22mm，两帮为 35mm、51.4mm、24mm，巷道收敛率分别为 42%、26%、16%，因此，9 煤工作面上巷第三种锚杆支护参数（顶板锚杆 4 根，间距 1200mm；两帮各 2 根，间距 1200mm。锚杆排距 1200mm）选择合理。该方案围岩变形量较小还有以下原因：（1）该区段支护质量比较好；（2）该区段超前支护距离增大至 35m（之前为 20m）；（3）该区段掘进施工质量比较好。

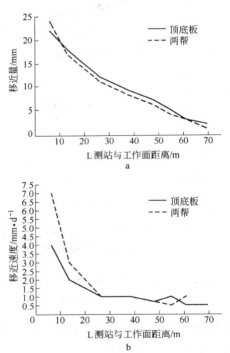

图 4-6　9 煤工作面上巷第三种支护方式围岩变形曲线

a—移近量；b—移近速度

4.2.6.2　下风巷

9 煤工作面在回采期间，从 1999 年 4～10 月，分两种支护方式对其围岩变形进行了连续观测。该巷道锚杆规格顶板为 ϕ 20mm ×

2.5m、两帮为ϕ20mm×1.8m。

A　第一种支护方式

支护参数即锚杆数：顶板6根，间距700mm；两帮煤体侧4根，间距750mm，采空侧5根，间距660mm；锚杆排距800mm。测站布置：在该面上巷距切眼100~140处，每隔20m各设一组巷道围岩变形测站（共三组），每天观测一次，结合顶时可得围岩变形速度。

观测结果：图4-7为下巷第一种支护方式围岩变形曲线。由图4-7可知：下巷超前影响明显区在40m内，高峰区在24m内。实测得

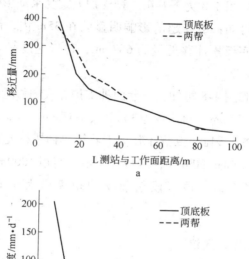

图4-7　9煤工作面下巷第一种支护方式围岩变形曲线

a—移近量；b—移近速度

顶底板累计移近量为 406.5mm，移近速度平均为 32mm/d，最大为 249mm/d；两帮累计移近量为 368mm，移近速度平均为 25mm/d，最大为 107mm/d。

B 第二种支护方式

支护参数即锚杆数：顶板 5 根，间距 900mm；两帮各 3 根，间距 900mm。锚杆排距 1000mm。测站布置：在该面上巷距切眼 680 ~ 720m 处每隔 20m 各设一组巷道围岩变形测站（共三组），每天观测一次，结合定时可得围岩变形速度。

观测结果：图 4-8 为下巷第二种支护方式受采动影响围岩变形曲线。由图 4-8 可知：下巷超前影响明显区在 35m 内，高峰区在 15m 内，实测得顶底板累计移近量为 667mm，移近速度平均 51.8mm/d、最大 106.5mm/d。

由图 4-7 和图 4-8 可知：下巷两种支护方式的移近量：顶底板各为 406.5mm、622mm，两帮各为 368mm、667mm；巷道收敛率分别为 22.4%、35.2%。因此，9 煤工作面下巷第二种锚杆支护参数（锚杆数：顶板 5 根，间距 900mm，两帮各 3 根，间距 1000mm，锚杆排距 1000mm）选择合理。该区段超前支护距离增大至 60m（之前为 40m）。

4.2.7 主要结论、建议

（1）社会效益：上巷、下巷分别采用第三种和第二种锚杆支护参数减轻并提高了综掘锚网支护巷道的劳动强度和效率。

（2）经济效益：上巷采用第三种比第一种锚杆支护参数降低材料费 270 元/m、共节约材料费 8.5 万元；下巷采用第二种比第一种锚杆支护参数降低材料费 220 元/m、共节约材料费 7.8 万元。

（3）实测得上巷超前影响明显区在 40m 内、高峰区在 15m 内，

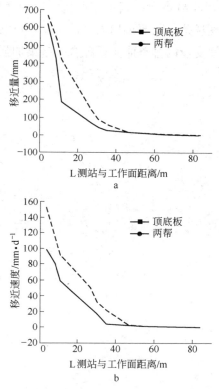

图 4-8　9 煤工作面下巷第二种支护方式围岩变形曲线
a—移近量；b—移近速度

上巷第一至第三区段的移近量：顶底板各为 94mm、38.5mm、22mm，两帮各为 35mm、51.4mm、24mm；移近速度：顶底板各为 7.95mm/d、4.9mm/d、1.3mm/d，两帮各为 4mm/d、5.6mm/d、1.8mm/d。

（4）下巷超前影响范围为 60m、高峰区在 40m 以内，下巷第一至第二区段的移近量：顶底板各为 406.5mm、622mm，两帮各为 368mm、667mm；移近速度：顶底板各为 32mm/d、31.8mm/d，两帮各为 25mm/d、51.8mm/d。

（5）根据 9 煤综放面两巷的矿压观测结果和现场情况，建议其上巷超前工作面 20m 沿走向在巷道中间支设一排单体支柱配合一字梁加强支护，如现场条件需要再加大支护密度；下巷超前工作面 60m 沿走向在巷道中间支设两排单体支柱配合一字梁加强支护。并切实搞好支护质量。

参 考 文 献

[1] 侯朝炯，郭励生，勾攀峰，等．煤巷锚杆支护［M］．北京：中国矿业大学出版社，1999.

[2] 陆士良，汤雷，杨新安．锚杆锚固力与锚固技术［M］．北京：煤炭工业出版社，1998.

[3] 郑永学．矿山岩体力学［M］．北京：冶金工业出版社，1988.

[4] 美国 ANSYS 公司北京办事处．ANSYS 非线性分析指南［M］．1998.

[5] 美国 ANSYS 公司北京办事处．ANSYS 高级技术分析指南［M］．1998.

[6] 王国强．实用工程数值模拟技术及其在 ANSYS 上的实践［M］．西安：西北工业大学出版社，1999.

[7] 王勖成、邵敏．有限单元法基本原理和数值方法［M］．北京：清华大学出版社，1995.

[8] 张国瑞．有限单元法［M］．北京：机械工业出版社，1992.

[9] 龙驭球．有限元法概论［M］．北京：人民教育出版社，1978.

冶金工业出版社部分图书推荐

书　　名	作　者	定价(元)
矿用药剂	张泾生	49.00
现代选矿技术手册（第2册） 　浮选与化学选矿	张泾生	96.00
现代选矿技术手册（第7册） 　选矿厂设计	黄　丹	60.00
矿物加工技术（第7版）	印万忠　等译	60.00
探矿选矿中各元素分析测定	龙学祥	28.00
新编矿业工程概论	唐敏康	59.00
化学选矿技术	沈　旭　彭芬兰	29.00
钼矿选矿（第2版）	马　晶　张文钲　李枢本	28.00
铁矿选矿新技术与新设备	印万忠　丁亚卓	36.00
矿物加工实验方法　　　于福家	印万忠　刘　杰　赵礼兵	88.00
选矿技术培训教材——碎矿与 　磨矿技术问答	肖庆飞	29.00
选矿厂辅助设备与设施	周晓四　陈　斌	28.00
全国选矿学术会议论文集 　——复杂难处理矿石选矿技术	孙传尧　敖　宁　刘耀青	90.00
尾矿的综合利用与尾矿库的管理	印万忠　李丽匣	28.00
重力选煤技术	杨小平	39.00
煤泥浮选技术	黄　波	39.00
选煤厂固液分离技术	金　雷	29.00